Happy Hühnergarten

Von dem Vergnügen, mit glücklichen Hühnern gärtnern zu dürfen.

LANDLEBEN

Happy
Hühnergarten
Foto © Alexander Gallé

Das Buch zur „YouTube®"-Serie

von Robert Höck

Danke!

Verena Raffl

Foto © Alexander Gallé

„Happy Huhn" macht nicht nur die Hühner glücklich, sondern ganz nebenbei auch mich selbst. Es war mir eine große Freude, auch mein zweites Hühnerbuch, mit Cadmos in die Realität umsetzen zu dürfen. Unter dem Motto: „Never change a winning team" haben Brigitte, Bernhard, Barbara, Gerlinde und Martina erneut ihr Bestes gegeben, und den „Happy Hühnergarten" zum Leben erweckt. Ich denke, es ist ein zeitgemäßes, lebendiges und informationsreiches Buch geworden, das einen würdigen Nachfolger für das erste Happy-Huhn-Buch darstellt. Also erst mal ein großes Dankeschön an das liebe Cadmos-Team!

Der zweite große Dank geht an meine Abonnenten auf YouTube®, die meine Serie „Happy Huhn" nun schon seit mehr als zwei Jahren mitverfolgen. Sie haben inzwischen die 80.000er-Marke überschritten und sie waren in großem Maße dafür verantwortlich, dass mein erstes Hühner-Buch ein Erfolg wurde, denn sie haben es gekauft, gelesen, verschenkt, empfohlen und gut bewertet. Einfach traumhaft, Leute! Vielen Dank an euch! Ihr seid die Besten, und nicht zuletzt, weil ihr so oft gefragt habt, wann ich denn das nächste Buch schreiben würde, konnte ich so schnell die Motivation dafür finden, den „Happy Hühnergarten" in die Tat umzusetzen.

All der Erfolg von „Happy Huhn" wäre aber nichts ohne die zahlreichen Hühnerhalter und Hühnerzüchter, die ich in den letzten Jahren wegen Fotos und Filmmaterial besucht habe. In diesem Buch sind Tiere von mehr als 30 verschiedenen Orten in Holland, Deutschland, Österreich, der Schweiz und Italien zu sehen, und ich möchte Andreas, Angelika, Christian, Diego, Doris, Janus, Johannes, Marco, Matthias, Monica, Reiner, Renate, Stefanie und Tanja danken, deren Tiere in diesem Buch zu sehen sind. Ein besonderes Dankeschön geht an die liebe Verena Raffl, die größte Hühnerfreundin, die ich kenne! Verenas Gartenpforte zu ihrem privaten Hühnerparadies stand in den letzten Monaten immer für mich offen, Dutzende Fotos konnte ich von ihren Tieren für dieses Buch machen, und so sind es neben meinen eigenen Hühnern auch ihre handzahmen Haubenhühner, Chabos, Seidenhühner, Zwerg-Wyandotten und Sandschak Kräher, die „Happy Hühnergarten" am meisten prägen. Danke, liebe Verena, ohne dich wäre dieses Buch nur halb so prächtig!

Dieses Buch richtet sich ausschließlich an die Hobbyhalter, die Hühnerhaltung im kleinen Stil betreiben wollen. Weniger geeignet ist es für Hühnerhalter des landwirtschaftlichen bzw. kommerziellen Sektors. Auf dem Bildmaterial sind Hühner zu sehen, die im Freien gefüttert und getränkt werden. In einigen Regionen Mitteleuropas ist das Anbieten von Trinkwasser und Futter für Hühner im Freien aber aktuell aus seuchenhygienischen Gründen gesetzlich nur bedingt erlaubt, im Wesentlichen wegen der Vogelgrippe.

Haftungsausschluss

IMPRESSUM

LANDLEBEN im CADMOS Verlag

geringfügig geänderter Nachdruck 2022

Covergestaltung, grafisches Konzept und Satz: Gerlinde Gröll, www.cadmos.de

Collagen Cover und Umschlagrücken: Shutterstock/ ananaline, Ivonne Wierink, cynoclub, ilolab, Lana Langlois, Sky Motion, jannoon028, Kisialiou Yury, Pelevina Ksinia, Mrs_ya,

Portrait am Umschlagrücken: Alexander Gallé

Fotos im Innenteil: Robert Höck (wenn nicht anders genannt)

Illustrationen: Shutterstock/tristan tan, Aliaksei_7799

Lektorat: Ing. Barbara P. Meister MA, FachLektor.at

Druck: www.graspo.com

Deutsche Nationalbibliothek – CIP-Einheitsaufnahme
Die Deutsche Nationalbibliothek verzeichnet diese Publikation in der Deutschen Nationalbibliografie; detaillierte bibliografische Daten sind im Internet über http://dnb.ddb.de abrufbar.

Printed in EU

ISBN: 978-3-8404-3047-3

Inhalt.

Vorwort ... 7
Meine Happy-Huhn-Philosophie ... 9
Die Anfänge von „Happy Huhn" ... 9
Wie es zu „Happy Hühnergarten" kam ... 10
Meine Philosophie ... 10

Hühnerhaltung in Privatgärten

Mit Hühnern gärtnern ... 12
Ist mein Garten hühnertauglich? ... 12
Wie viel Platz brauchen Hühner? ... 12
Hühnerhaltung in der Stadt ... 13
Was sollen die Nachbarn sagen? ... 14
Gesetzliches ... 14
Einen Bildungsauftrag wahrnehmen ... 15
Die passende Rasse finden ... 16
Welche Hühnerrasse passt zu mir ... 17
Warum keine Hybridhühner? ... 18
Rassevielfalt im Garten ... 19
Happy Huhn Faces ... 20
Stall & Gehege für Gartenhühner ... 23
Was Hühner in Stall und Gehege wirklich brauchen ... 23
Was Stall & Gehege aus menschlicher Sicht zweckmäßig macht ... 24
Auf ungewöhnliche Rassen spezifisch eingehen ... 25
Einen Ausweichstall einplanen ... 26
Ideen für Gartenhühnerställe ... 27
Gartenhühner gesund erhalten ... 31
Was man vorbeugend tun kann ... 32
Huhn und Tierarzt ... 32
Gesetzliches rund um die Hühnergesundheit ... 33
Gartenhühner tiergerecht füttern ... 34
Was Hühner fressen dürfen ... 36
Fertige Futtermischungen ... 38
Was man für die Futterküche braucht ... 38
Einen Nutzgarten für die Hühner anlegen ... 39
Nachwuchs bei den Gartenhühnern ... 40
Hühner im Privatgarten vermehren – ja oder nein? ... 41
Warum züchten? ... 42
Wie man eine Glucke samt Kükenschar versorgt ... 43
Hühner schonend entglucken ... 43
Giftpflanzen und andere Gefahren für Gartenhühner ... 45
Andere Haustiere, Greifvögel und Raubtiere ... 45
Die Gefahr des Ertrinkungstodes ... 46
Dünger, Blumenerde und Pflanzenschutzmittel ... 47
Zäune, Gitter und Netze ... 48
Giftpflanzen ... 49
Checkliste: 30 stark giftige Gartenpflanzen ... 51

Pflanzenschätze für den Hühnergarten

Ein Garten ist immer auch ein Aushängeschild ... 54
Bambus – ein Pflanzenschatz aus der Urheimat aller Hühner ... 56
Brennnessel – ein Glanzstück der Hühnerfütterung ... 57
Chinaschilf – das Ziergras für alle Fälle ... 58
Glockenrebe – nur einen Sommer lang ... 59
Grünkohl – frisches Gemüse „geht" auch im Winter ... 60
Hagebutte – eine Vitaminbombe erster Güte ... 61

Haselnuss – was die alles kann! ... 62
Hauswurz – die *Aloe vera* vom Stalldach ... 63
Holunder – der solide Alleskönner ... 64
Hopfen – ein Kletterkünstler mit Potenzial ... 65
Indianernessel – der Alleskönner aus Nordamerika ... 66
Johanniskraut – zurecht sehr geschätzt ... 67
Kamille – die Heilpflanze der Küken ... 68
Karotte – ein Superfood der Superlative ... 69
Kürbis – gut und viel ... 70
Lavendel – Bienenweide und Aromatherapie zugleich ... 71
Löwenzahn – Gratissalat aus der Natur ... 72
Luzerne – ein Geheimtipp aus der Pferdefütterung ... 73
Oregano – natürliches Antibiotikum ... 74
Ringelblume – „die riecht schon irgendwie nach Heilung" ... 75
Rote Beete – macht dunkle Dotter und gesunde Hühner ... 76
Salbei – ein wertvolles Heilkraut für Mensch und Tier ... 77
Schafgarbe – zu Unrecht verschmäht ... 78
Sonnenhut – nur in Maßen gut ... 79
Spitzwegerich – unscheinbar und doch unbezahlbar ... 80
Thymian – wie wär's mit Kräuterheu? ... 81
Topinambur – die „unkaputtbare" Riesenstaude ... 82
Die Weide – jetzt wird gewerkelt und gebastelt ... 83
Weinrebe – ein grüner Mantel für den Hühnerstall ... 84
Zwiebel – mehr Heilpflanze als Gemüse ... 85

Rasseporträts: 15 erlesene Perlen der Hühnerzucht

Ayam Cemani – vom Heiligen Huhn zur Luxusware ... 89
Bantams – rosenkämmige Schmuckstücke mit Geschichte ... 91
Bielefelder Kennhühner – unverkennbar schön und nützlich ... 93
Brahma – The Giant King Of All Poultry ... 95
Chabos – urige Zwerghöhner aus Japan ... 98
Cubalaya – der gefiederte Stolz Kubas ... 101
Federfüßige Zwerghühner – Juwelen für gepflegte Gärtne ... 103
Moderner Englischer Zwergkämpfer – auf Stelzen durchs Leben ... 106
Paduaner – clever, extravagant und schön ... 109
Pawlowskaja – der vermeintliche Auerhahn unter den Gartenhühnern ... 112
Proveis-Ultentaler Hühner – Tirols letzte Hühnerrasse ... 115
Sebright – auf den Spuren von Charles Darwin ... 117
Serama – das kleineste Huhn der Welt ... 120
Zwerg-Cochin – gemütliche Federbälle in bunten Farben ... 122
Zwerg-Welsumer – das naturbelassene Legehuhn ... 124

Literatur ... 126

Robert Höcks
„Happy Huhn"-
YouTube®-Kanal
finden Sie unter

http://bit.ly/2oMBuFR

Collage: © Shutterstock/GCapture, YouTube®-Screenshot

Vorwort.

STELLEN SIE SICH – MORGENS NACH DER DÄMMERUNG – EINEN LEBENDIGEN GARTEN OHNE GRENZEN VOR: IM RASEN BLÜHEN DIE GÄNSEBLÜMCHEN, GUNDELREBEN SCHICKEN IHRE KRIECHENDEN RANKEN AUF EXPANSIONSKURS.

Genau dort, wo die Maulwurfsgrille ihr münzgroßes Loch gebuddelt hat, und im Halbschatten, wo das Moos die Rasengräser fast vollständig verdrängt hat, entfalten die Sämlinge der wilden Duftveilchen ihre ersten Blätter. In den Blumenrabatten stehen neben allerlei exotischen Gewächsen auch traditionelle Bauerngartenblumen von der Akelei bis hin zum Löwenmäulchen, heimische Wildpflanzen wie Glockenblume und Lichtnelke und dazu eine Vielzahl von Heilpflanzen und Kräutern mit aromatisch duftenden Blättern. An der sonnigsten Stelle des Gartens lädt ein flacher Teich Libellen, Wasserläufer, Frösche und Molche zu einem erfrischenden Leben zwischen Gauklerblumen, Seekannenblüten und dem Dickicht der Schwertlilienblätter ein, während er Wildvögeln eine willkommene Bade- und Trinkgelegenheit bietet. Wäre das nicht ein Garten, in dem sich auch Hühner wohlfühlen könnten?

Und tatsächlich – am Ende des Gartens, zwischen den Gemüsebeeten und einer Gruppe von Obstbäumen eingebettet, steht ein hübscher roter Hühnerstall auf Stelzen, aus dem lautes Gegacker ertönt. Die Hühner sind schon lange munter und wollen jetzt am Morgen selbstverständlich hinaus aus dem Stall. Ihr großzügiger Auslauf fügt sich harmonisch in das Gartenbild ein, denn er wurde zur Sicherheit der Hühner mit einem stabilen Netz überspannt, und an diesem schlingen, ranken und spreizen sich die verschiedensten Klettergewächse

Wildblumen in einer Naturwiese (links), finden im Hühnergarten ebenso ihren Platz, wie klassische Gartenblumen (rechts).

empor. Eingehüllt in einen Mantel aus Geißblatt, Glockenrebe, Rambler-Rosen, Weinreben und Rosenkelch bietet der Hühnerauslauf den Hennen nicht nur Schutz und Deckung, sondern auch willkommenen Schatten im Hochsommer. Jeden Abend, wenn ihr „Futterspender" bzw. „Eierdieb" von der Arbeit zurück ist, dürfen die Hühner dann den ganzen Garten als Auslauffläche nutzen. Klar fällt ihnen dabei der eine oder andere Salatkopf zum Opfer, und auch die eine oder andere Blüte aus den Rabatten wird im eifrigen Getümmel mal abknicken, aber wen stört das schon?

Wenn man im Gegenzug dafür jeden Tag die besten Eier der Welt einsammeln kann, lernt man schnell, den Mädels auch mal was zu gönnen. Irgendwie wird man, wenn man Hühner hat, automatisch lockerer, was die Vorstellung vom idealen und perfekten Garten anbelangt. Für die Hühnerhaltung eignet sich kein allzu strenger Garten, in dem kein Unkraut den Rasen „betreten" darf, akkurat geschnittene Buchskugeln einmal im Monat gegen den Buchsbaumzünsler gespritzt werden müssen und sich jede Blume an einen „ausgeklügelten" Bepflanzungsplan zu halten hat. Ich kann mir glückliche Hühner – und besonders auch glückliche Halter – weder in einem lieblosen Wohnblockgarten mit Lebensbaumhecke, einem formalen Barockgarten noch in einem stilisierten japanischen Garten vorstellen. Jeder Hühnerfreund kennt sie gewiss, die Fotos von winzigen japanischen Chabo-Hähnen oder langschwänzigen Onagadori-Hähnen, die perfekt positioniert in Zengärten, auf erhöhten Plätzen, vorzugsweise Granitpagoden, zur Schau gestellt werden. Nö, schon klar – als ob diese „Zierrassen" den ganzen Tag über brav so hocken bleiben würden und den harmonischen Gesamteindruck, der mehr an ein Gemälde als einen echten Garten erinnert, niemals zu stören gedenken würden! Glauben die verantwortlichen Fotografen dabei, dass so was auch in der Praxis funktioniert? Ich muss jedes Mal innerlich lachen, wenn ich mir vorstelle, was meine Hühner mit den perfekt geharkten Linien und Splittmustern der Zengarten-Kiesflächen anstellen würden; binnen kürzester Zeit läge kein Granitsteinchen mehr auf dem anderen. Und meine Katze würde die Kiesfläche ohnehin für ein überdimensionales Katzenklo halten, das man extra für sie hier angelegt hat und jeden Morgen aufs Neue wieder perfekt durchharkt.

Nun aber genug gelästert. Ich will damit nicht sagen, dass japanische Gärten etwas Schlechtes sind, sie sind nur eben nicht sonderlich gut für meine Happy-Huhn-Philosophie geeignet. Ich möchte Sie, werte Leser, mit diesem Buch herzlich dazu einladen, neben der Hühnerhaltung auch in die Welt des Naturgartens einzutauchen und Ihnen Lösungen, Möglichkeiten und Inspiration für ein gekonntes Nebeneinander von Huhn, Garten und Natur anbieten. Für mich persönlich gibt es ohnehin nur diese eine, einzige Wahrheit, wenn man darauf aus ist, an der Gartenhühnerhaltung dauerhaft Freude zu haben. Wenn die Natur die Erlaubnis dazu hat, ein bisschen mitzugärtnern, dann kommt das Hühnerglück ganz von allein!

Meine Happy-Huhn-Philosophie.

Siehe Folgen 70 und 85!

Die Anfänge von „Happy Huhn“

Die Geschichte von „Happy Huhn“ begann für mich im Herbst 2016 mit der spontanen Gründung der YouTube®-Serie „Happy Huhn“, die alle möglichen Themen rund um die Hühnerhaltung aufgreift. Am Anfang stand für mich dabei schlichtweg das Bedürfnis, etwas dafür tun zu wollen, dass Hühner besser gehalten werden. Um dies zu erreichen, wollte ich zunächst die Informationsmöglichkeiten für angehende Hühnerhalter verbessern, und kurze Filme erschienen mir hierfür genau richtig. Die Serie wurde sogleich gut von der „Hühnerszene“ des deutschen Sprachraums angenommen, und inzwischen konnte ich weit über hundert „Happy-Huhn“-Folgen produzieren. Ich lernte viele neue Leute kennen, von Erhaltungszüchtern seltener Rassen bis hin zu reinen Hobbyhaltern. Auch wenn meine Hühnervideos offensichtlich den modernen Zeitgeist getroffen haben, so bin ich als Privatperson dennoch ein großer Verfechter von Büchern geblieben. Ich liebe Bücher, mag es, dass sie etwas „Greifbares“ sind, technikfrei, unvernetzt, eigenständig und irgendwie zeitlos. Dass weder Viren noch Hacker eine Chance haben, mir meine Bücher zu vermiesen, finde ich geradezu erfrischend beruhigend. Ich bin überzeugt davon, dass Bücher auch in unserer digitalisierten Zeit noch einen Platz haben, und so ist es gewiss leicht nachvollziehbar, dass in mir schnell die Idee heranreifte, „Happy Huhn“ in Buchform herauszubringen. Von der Idee bis zur ersten Umsetzung verging erstaunlich wenig Zeit, denn mit dem Cadmos-Verlag fand ich ohne große Schwierigkeiten einen starken Partner für mein Vorhaben, sodass dann bereits im Frühling 2018 mein erstes Hühnerbuch erscheinen konnte unter dem Titel: „Happy Huhn – Das Buch von dem Vergnügen, glückliche Hühner halten zu dürfen“. Das Buch war sofort ein Erfolg und gehörte 2018 zweifelsohne zu den meistverkauften Hühnerbüchern in Deutschland und Österreich.

Die bunten Hornveilchen sind für die forsche Wyandotten-Henne völlig harmlos."

Die stattlichen Brahmas sind sehr kältetolerant und eigenen sich damit auch für Hühnergärten in schneereichen Lagen.

Wie es zu „Happy Hühnergarten" kam

Die Rückmeldungen für mein erstes Hühnerbuch zeigten mir, dass meine Anhängerschaft in erster Linie aus Leuten besteht, die Hühner im kleinen Stil in Hausgärten halten. Landwirte beispielsweise, die Hühner wohl oder übel des Profits wegen halten müssen, können mit meiner Happy-Huhn-Philosophie meist nicht viel anfangen, weil es sich schlichtweg nicht gewinnbringend damit wirtschaften lässt. Mein neues Buch, „Happy Hühnergarten", soll darum noch einmal besonders auf die Bedürfnisse meiner Hauptzielgruppe eingehen, indem es den Fokus gänzlich auf die Hühnerhaltung im Garten legt und die gelungene Co-Existenz von Garten und Huhn in den Mittelpunkt stellt. Weil ich bereits in meinem ersten Hühnerbuch ausführlich auf allgemeine Themen wie die tiergerechte Einrichtung eines Hühnerstalls, das Zähmen von Hühnern, die Hühnergesundheit oder das Versorgen einer Glucke samt Küken eingegangen bin, möchte ich diese Themen im neuen Buch bewusst nur noch locker streifen. Wenn Sie das erste „Happy Huhn"-Buch noch nicht kennen, wird es Ihnen eine wertvolle Ergänzung zu diesem Buch sein, und ich kann Ihnen nur wärmstens empfehlen, beide Bücher wie ein zusammengehörendes Werk zu betrachten.

Meine Philosophie

Meine Philosophie beruht im Wesentlichen auf der Verknüpfung des Tierwohls mit dem Lebensglück des Tierhalters. Was bringt es, eigene Eier von den eigenen Hühnern zu haben, wenn man seinen Tieren ein genauso tristes und langweiliges Leben aufzwingt, wie es die Hühner in den Massentierhaltungsställen der Industrie führen müssen?

Oben: Blumen in Töpfen und Trögen sind vor den „Scharrtätigkeiten" der Hühner, hier Sandschak Kräher, gut geschützt.

Rechts: Das Hühnerglück hat viele Gesichter – vom Gluckendasein über den Ausblick vom Lieblingssitzplatz bis hin zum täglichen Staubbad im Gruppenkollektiv.

Die private Hühnerhaltung sollte etwas Lebendiges und in ihrer Gesamtheit überwiegend Positives sein. Sie MUSS uns eine Herzensangelegenheit sein, um dauerhaft zu funktionieren. Sie KANN uns das Leben versüßen und uns ständig ein Lächeln ins Gesicht zaubern, weil es Spaß macht, glückliche Hühner zu beobachten. Und sie DARF uns zweifellos in ihren Bann ziehen, denn schließlich wollten wir Happy-Hühnerhalter es von Anfang an so haben.

Happy Huhn = Happy Mensch! Glückliche und gesunde Tiere machen ihren Halter glücklich. Hühner können den Garten beleben, den Alltag verschönern, Menschen zusammenbringen und sie produzieren nebenbei mit dem Ei eines der wertvollsten Lebensmittel überhaupt. Wer das sehen und wertschätzen kann, wer akzeptiert, dass Hühner genau so sind, wie sie es nun mal sind – der hat die besten Voraussetzungen dafür, ein glücklicher „Happy Hühnerhalter" zu werden, zu sein und zu bleiben.

Mit Hühnern gärtnern.

Siehe Folgen 71, 79, 84 und 113!

Ist mein Garten hühnertauglich?

Ich kann jeden Gartenbesitzer verstehen, dem der Gedanke, sich Hühner in den eigenen Garten zu holen, einiges an Kopfzerbrechen sowie schlaflose Nächte bereitet. Da ist auf der einen Seite diese große Sehnsucht nach eigenen Hühnern, und man malt sich in den schönsten Farben aus, wie harmonisch doch alles klappen könnte, wenn man sich auf ein paar wenige Hühner beschränken würde, aber andererseits hat man Bedenken wegen der Nachbarn. Werden sie sich an den Tieren stören? Wird eine Hühnerschar ohne Hahn auch für empfindliche Ohren zu laut sein? Hinzu kommen außerdem Überlegungen wie: Wird der Platz ausreichen? Was, wenn ein Huhn ausbüxt und auf die Straße läuft? Und: Sind meine anderen Haustiere ein Problem für die Hühner?

Wer an die Hühnerhaltung anfangs nicht zu überstürzt herangeht und sich selbst die Zeit nimmt für eine sorgfältige Planung, kann so manches Problem vermeiden, und die übrig gebliebenen Hürden sind womöglich erstaunlich gut meisterbar.

Wie viel Platz brauchen Hühner?

Zwei wichtige Fragen, die untrennbar miteinander verknüpft sind, sind mit Sicherheit: Wo genau sollen die Hühner im Garten untergebracht werden? Und: Wie viel Platz werden sie dort brauchen? Aus Sicht der Hühner ist ein Hühnerstall an einer ruhigen, geschützten Stelle gut platziert. Gern dürfen rund um den Stall herum Sträucher und Bäume wachsen, die im Sommer für Beschattung sorgen und den Hühnern während des Freilaufs Deckung bieten. Nach meinen persönlichen Erfahrungen sind ostseitig des Hauses platzierte Hühnerställe für die Tiere besonders günstig, weil die Hühner dort an kalten Wintertagen Morgensonne haben, an heißen Sommertagen jedoch nicht durch die nachmittägliche Stauhitze beeinträchtigt werden. Sinnvoll wird es auch sein, den Stall möglichst weit weg von Wohngebäuden zu platzieren. Wer den Hühnerstall direkt unter das Schlafzimmerfenster des Nachbarn stellt, darf sich nicht wundern, wenn dieser sich über Mistgestank und Lärm beschwert. Nicht zu vergessen ist die Größe des künftigen Stalls selbst. Mit welchem Platzbedarf man pro

Oben: Stadtgärten taugen für die Hühnerhaltung, wenn sie groß und grün genug sind.

Rechts: Auch ein Fahrrad wird von findigen Stadthühnern schon mal als Sitzplatz zweckentfremdet.

Huhn im Stall rechnen muss, hängt von der Gruppengröße ab sowie von der Größe der jeweiligen Hühnerrasse. Für normal große Hühnerrassen wie Australorps, Brakel, Vorwerk oder Schwedische Blumenhühner haben sich bei einer typischen Gruppengröße von vier bis sechs Tieren zwei Quadratmeter als Stallgrundfläche bestens bewährt. Für Tiere, die tagsüber viel Zeit im Stall verbringen, kann ein Stall selbstredend kaum groß genug sein, aber ansonsten gilt auch: Je mehr Auslauf die Tiere tagsüber haben, umso weniger beeinträchtigt ein eher kleiner Stall ihr Wohlbefinden.

Der ideale Ort für den Hühnerstall muss ringsum ausreichend Raum für ein großzügiges Freigehege bieten. Mit zwei Quadratmetern Auslauffläche pro Huhn sollte man auf jeden Fall kalkulieren. Möchte man, dass im Auslauf noch etwas grüne Wiese dauerhaft bestehen kann, ist es besser, mit mindestens fünf Quadratmetern pro Huhn zu rechnen. Bei fünf Hühnern wären das 25 Quadratmeter.

Hühnerhaltung in der Stadt

Die meisten Gartenhühner werden zwar nach wie vor im ländlichen Siedlungsbereich gehalten, aber auch in den Städten boomt die Hühnerhaltung.

Stadthühner sind groß in Mode, können aber besonders schnell für Ärger sorgen. Unabhängig davon, ob sie in einer Stadt erlaubt ist oder nicht, finde ich, dass auch für die städtische Hühnerhaltung ein Mindestangebot an Platz zur Verfügung stehen sollte. Weder beengte Volieren in mit Fahrrädern und Mülltonnen vollgestellten Innenhöfen noch aufgemotzte Kaninchenkäfige auf winzigen Balkonen sind ein wünschenswertes Dauerheim für Stadthühner. Ich selbst lebe seit fast zehn Jahren in der Stadt und habe mich nur an die städtische Hühnerhaltung herangewagt, weil ich wusste, dass mein Garten groß genug dafür ist und sowohl für Ställe als auch für mehrere Freigehege ausreichend Platz bietet. Die folgenden beiden Abschnitte zu den Themen „Nachbarn" und „Gesetzliches" sollten sich angehende Stadthühnerhalter jedenfalls besonders gründlich zu Gemüte führen.

Was sollen die Nachbarn sagen?

Sowohl im ländlichen Siedlungsbereich als auch in der Stadt hat man häufig mehr Nachbarn, als einem lieb ist. Oft ist alles anonym und man kennt kaum jemanden aus der Nachbarschaft noch persönlich. Auch wenn es unangenehm ist, sollten Sie aber nach Möglichkeit versuchen, zumindest mit den unmittelbar rund um den künftigen Hühnergarten ansässigen Nachbarn zu sprechen. Nachbarn haben vom Gesetz her durchaus ein Mitspracherecht und können besonders dann, wenn die Hühnerhaltung in ihrem Wohngebiet nicht „ortsüblich" ist, sogar verhindern, dass Sie auf Dauer Hühner halten dürfen. Allein die Tatsache, dass Sie den Nachbarn vorab, ganz neutral, von Ihrem Hühnerprojekt erzählen und sie damit quasi vorwarnen, kann einen großen Unterschied machen. Die Leute sind oft erstaunlich tolerant gegenüber dem Federvieh, wenn sie das Gefühl haben, sie seien miteinbezogen worden.
Sie fühlen sich dann nicht übergangen, und manchmal stellt sich sogar heraus, dass sie die künftigen Gartenhühner überaus interessant finden. Und dann gibt es noch diese eine Art von Nachbarn, die grundsätzlich gegen alles ist und immer etwas zu meckern finden wird, aber in solchen Fällen ist es gut, schon vorab zu wissen, aus welcher Ecke die Scherereien vermutlich künftig kommen werden. Klären Sie ab, so viel Sie können, machen Sie kein Geheimnis aus Ihrer Hühnerhaltung und nehmen Sie angebotene Hilfe aus der Nachbarschaft dankend an, wenn Sie sie brauchen können. Hühner können vortrefflich zu nachbarschaftlichen Freundschaften beitragen.

Krähende Hähne zählen zu den klassischen Auslösern für Nachbarschaftsstreits.

Gesetzliches

Ich möchte Sie tunlichst davor warnen, dem Gesetz in puncto Hühnerhaltung keine Aufmerksamkeit zu schenken. Viele Hobbyhalter wissen beispielsweise

nicht, dass es sowohl in Österreich als auch in Deutschland eine Meldepflicht für Hühner gibt. Ob Sie dabei Tausende Legehennen auf einem Bauernhof oder nur drei Zwerghühner als Heimtiere in einem Vorgarten halten, spielt keine Rolle. Jede Hühnerhaltung ist spätestens eine Woche nach ihrer Aufnahme bei der zuständigen Bezirks- oder Kreisverwaltungsbehörde zu melden sowie in Deutschland je nach Bundesland zusätzlich bei der Tierseuchenkasse. Zustande gekommen sind diese Meldepflichten durch das verstärkte Auftreten der Vogelgrippe in den letzten Jahren, die zu einer Verschärfung der Geflügelpestverordnung geführt hat. Starke Unterschiede in der Gesetzgebung gibt es zwischen Deutschland und Österreich hingegen in seuchenhygienischen Angelegenheiten. Das beste Beispiel hierfür ist die gefürchtete Newcastle-Krankheit, für die aktuell in Deutschland eine Impfpflicht besteht, in Österreich jedoch nicht. Am besten informieren Sie sich hierzu beim zuständigen Veterinäramt. Probleme können immer wieder durch gesetzlich verordnete Stallpflichten zustande kommen. Viele Gartenhühnerhaltungen wurden frustriert aufgegeben, als die Hühner 2016/17 monatelang nicht aus den Ställen herausdurften, weil in weiten Teilen Mitteleuropas aufgrund von Vogelgrippe-Vorfällen eine Stallpflicht verhängt wurde. Das Gesetz kann Ihre Hühnerhaltung also sehr wohl gehörig beeinflussen, und ich kann Ihnen nur empfehlen, sich vorab alle Informationen für Ihre Region zu holen, die Sie bekommen können. Dazu zählen baurechtliche Verordnungen, denn je nach Bauweise und Größe kann es für einen Hühnerstall durchaus einer Baugenehmigung bedürfen.

Einen Bildungsauftrag wahrnehmen

Eine große Nachbarschaft zu haben, muss nicht unbedingt nachteilig sein, besonders dann nicht, wenn darunter viele Kinder sind. Kinder sind häufig geradezu begeistert, wenn sie erfahren, dass nebenan Hühner eingezogen sind. Sie können dann mit ihrer Begeisterung erfahrungsgemäß skeptische Erwachsene beschwichtigen, und ich empfehle Ihnen daher, dass Sie es Kindern aus der Nachbarschaft so oft wie nur möglich erlauben, Ihre Hühner zu besuchen.

Gerade Stadtkinder haben häufig kaum noch die Möglichkeit dazu, landwirtschaftliche Nutztiere aus nächster Nähe zu erleben, und Sie können mit Ihren Hühnern daher ohne großen Aufwand eine Art Bildungsauftrag wahrnehmen.

Häufig wissen unsere jüngsten Mitmenschen gar nicht mehr, dass es Hühner gibt, die nicht so aussehen wie die braunen und weißen Legehybriden auf den Eierkartons, und über handzahme Hühner ist das Staunen ohnehin riesig.

In diesem Zusammenhang denke ich gern an eine Begebenheit aus dem Frühling 2018 zurück. Ganz nach dem Motto: „Hinaus aus der Stadt und ab in die Tiroler Natur!", kam eine Innsbrucker Volksschulklasse im Zuge des „Wandertags" an meinem Garten vorbei. Trotz hoher Hecke blieben meine Hühner den Kinderaugen nicht verborgen.

Zutrauliche Hühnerrassen, wie hier Zwerg-Sulmtaler und Paduaner, sind bei Kindern besonders beliebt.

Als sich dann die Gruppe, aufgeregt schreiend, an meiner Hecke entlang auf die Hühnersuche machte – die Lehrer hatten hierbei übrigens keine Chance, sie zu bändigen –, wurde ich auf das Geschehen aufmerksam. Ich beschloss, spontan hinauszugehen und die Gruppe auf einen kurzen Besuch in meinen Hühnergarten einzuladen. Den Lehrern gefiel die Idee sofort, und so liefen in meinem Garten kurze Zeit später zwanzig Kinder herum und dazwischen die Blumenhühner Sieglinde und Burgi, Sandschak-Kräher-Dame Pink und die Glucke Traudi mit ihrer Kükenschar. Ich war selbst überrascht davon, wie wenig meinen Hühnern der Trubel auszumachen schien, insbesondere Pink und Sieglinde liefen beinahe schon „vergnügt" zwischen den Kindern herum. Es war dann auch Platz für viele Fragen, die ich gern beantwortete, wie: „Warum sind diese Hühner nicht wild?", „Warum hat die Pink so ein Federbüschel auf dem Kopf?", „Stimmt es, dass die Hühner jeden Tag ein Ei legen?", „Was machst du mit den Hühnern im Winter?", oder: „Warum hast du so schöne Blumen? Ich habe immer geglaubt, die Hühner machen alles kaputt." Letztere Frage kam nicht von einem Kind, sondern von einer Lehrerin, was lustig ist, denn man kann daran sehen, wie unterschiedlich Kinder und Erwachsene denken. Jedenfalls war ich hinterher geradezu geplättet von dem großen Interesse an meinen Hühnern, denn ich hätte nicht erwartet, dass sich die heutigen, angeblich so „unmöglichen" Kinder für Tiere und die Natur begeistern können. Das können sie sehr wohl, aber es liegt häufig allein an uns Erwachsenen, ob wir ihnen solche Erlebnisse ermöglichen oder ob wir dies eben nicht tun.

Die passende Rasse finden

Hühnerrassen gibt es viele, und wenn Sie einen großen Garten haben, können Sie bei der Rassewahl aus einer vielfältigen Liste auswählen. In sehr kleinen Gärten kann es doch sinnvoll sein, sich eher auf die Winzlinge der Hühnerwelt zu beschränken, wie Sebrights, Zwerg-Cochins, Bantams oder Federfüßige Zwerghühner. Bei vielen zwergwüchsigen Rassen krähen die Hähne vergleichsweise leise, wie etwa im Falle der Chabos, der Seramas oder der modernen Englischen Zwergkämpfer. Alle sieben hier genannten Rassen finden Sie im hinteren Teil des Buches noch mal im Rahmen der Rasseporträts, ausführlich von mir vorgestellt, denn ich denke, dass sie sich geradezu „aufdrängen" für das Thema dieses Buches.

Hühnerrassen sind in ihrem Charakter überraschend vielfältig. Immer wieder freue ich mich zum Beispiel über herausragend zahme Seidenhühner.

Oben: Schön für den Serama-Züchter, dass er auch seine Söhne für die Zucht der kleinsten Hühnerrasse der Welt begeistern konnte. Unten: Drei beliebte Hühnerrassen mit guter Legeleistung: Zwerg-Exchequer, Barnevelder und Schwedisches Blumenhuhn.

Welche Hühnerrasse passt zu mir?

Siehe Folge 104!

Das Haushuhn lebt bereits seit vielen Jahrtausenden eng mit dem Menschen zusammen, und in dieser Zeit haben sich viele unterschiedliche Typen herausgebildet, die meistens stark von den eher fasanenartigen Wildformen abweichen. In vergangenen Jahrtausenden haben sich verschiedene Hühnerrassen in erster Linie durch geografische Isolation und stetige Anpassung an regionale Bedingungen entwickelt. Die selektive Rassezucht mit Hunderten klar voneinander trennbaren Rassen ist eine eher junge Ausgeburt der Tierzucht, die erst mit dem 19. Jahrhundert so richtig in Schwung kam. Dennoch lassen sich schon auf historischen Bildern aus dem Mittelalter verschiedene Varianten des Haushuhns feststellen, und man kann leicht den Eindruck gewinnen, dass auch in früheren Zeiten schon eine gewisse Zuchtwahl stattgefunden hat.

Heute existieren global betrachtet ca. 2500 verschiedene Hühnerrassen, vom winzigen

Viele Hühnerfreunde haben es sich zur Aufgabe gemacht, ausrangierte Legehybriden aus landwirtschaftlichen Hühnerhöfen wieder aufzupäppeln und ihnen im Garten ein neues Leben zu schenken. Insbesondere die ruhigen braunen Hybriden danken das mit enormer Zutraulichkeit und werden schnell sehr zahm.

Serama-Huhn aus Malaysia, das gerade mal 400 Gramm wiegt, bis hin zu Schwergewichten wie den Jersey Giants aus den USA, die als Kapaune schon mal 8 Kilogramm auf die Waage bringen. Die Rassevielfalt erlaubt es, wählerisch zu sein, denn die einzelnen Hühnerrassen unterscheiden sich nicht nur optisch, sondern in ihren Charaktereigenschaften und Nutzeigenschaften. Für die Gartenhühnerhaltung bedeutet das eine unüberschaubar große Auswahl, die in der Regel jedoch durch die schlechte Verfügbarkeit mancher Rassen eingeschränkt sein wird.

Warum keine Hybridhühner?

Der einfachste Weg, sich eine bunte Gruppe von Gartenhühnern zu beschaffen, ist der Gang zum Geflügelhändler, denn die Händler führen zumeist braune, schwarze, weiße, blaue und gesperberte Hühner, ja mitunter sogar Zwerghühner und Haubenhühner in ihrem Angebot. Um echte Rassetiere handelt es sich dabei nur selten, vielmehr sind diese fast immer Legehybriden in verschiedenen Farben und Formen. „Hybriden" sind Linienkreuzungen, die rein auf den Zweck hin selektiert wurden, ausgesprochen viele Eier zu legen. Ich finde, solche intensiv auf Leistung hin gezüchteten Tiere für die Haltung außerhalb der Landwirtschaft nicht gut, denn das übermäßige Legen sorgt dafür, dass Probleme vorprogrammiert sind.
Nach ihrer ersten Legeperiode sind viele Hybridhennen ausgemergelt und erholen sich häufig nur noch schlecht. Probleme wie Legedarmvorfall, Legenot, Mangelerscheinungen und Schockmauser kommen bei Legehennen übermäßig häufig vor.

Eine typische braune Legehybrid-Henne, wie sie millionenfach in der modernen Landwirtschaft zum Einsatz kommt.

Die winzigen Seramas eigenen sich herausragend gut für kleine Stadtgärten, weil sie mit begrenzten Gehegen vorlieb nehmen und die Hähne eher leise krähen.

Rassenvielfalt im Garten.

Siehe Folgen 104!

Eine für die Gartenhaltung wesentlich unproblematischere Alternative zu den Hybridhühnern können sowohl rasselose Mischlingshühner, neuerdings Soda-Hühner genannt (das sind Hühner, die einfach „SO DA" sind), darstellen als auch Tiere von Rassen mit züchterisch festgelegten Eigenschaften. Auf der nächsten Doppelseite finden Sie eine grafische Zuteilung der verschiedenen Hühnerrassen mit sechs verschiedenen Kategorien, die ich als sinnvoll erachte. Das kann Ihnen sehr dabei helfen, die passende Rasse für Ihre Anforderungen und Gartenbegebenheiten zu finden. Einige der besonders „gartentauglichen" Rassen tauchen in mehreren Kategorien auf.

Siehe Folge 69!

Happy Huhn Faces.

Araucana Hahn

Ayam Cemani Hahn

Bantam Hahn

Brahma Hahn

Chabo Hahn

Cubalaya Henne

Federfüssiges Zwerghuhn Henne

Jersey Giant Henne

Moderner Zwerg-Kämpfer Hahn

Onagadori Henne

Orpington Henne

Hühnerrassen für Kinder

Wenn Ihnen am wichtigsten ist, dass Ihre Kinder Freude an den Hühnern haben:

Chabo, Holländer Weißhaube, Moderner Englischer Zwergkämpfer, Paduaner, Seidenhuhn, Serama, Strupp-huhn, Wyandotte, Zwerg-Brahma, Zwerg-Orpington

Miniaturhühner für kleine Gärten

Wenn der Platz in Ihrem Garten für größere Hühnerrassen nicht ausreicht:

Antwerpener Bartzwerge, Bantam, Chabo, Federfüßige Zwerghühner, Holländisches Zwerghuhn, Nankin-Zwerghuhn, Ohiki, Sebright, Serama, Zwerg-Cochin

Kleine Rassen, die gut legen

Wenn Sie Zwerghühner mit guter Legeleistung suchen:

Zwerg-Altsteirer, Zwerg-Barnevelder, Zwerg-Bielefelder, Zwerg-Exchequer, Zwerg-New Hampshire, Zwerg-Niederrheiner, Zwerg-Sulmtaler, Zwerg-Sussex, Zwerg-Vorwerk, Zwerg-Welsumer

Paduaner Hahn

Pawlowskaja Henne

Sandschak-Kräher Hahn

Seidenhuhn Henne

Schwedisches Blumenhuhn Henne

Yokohama Hahn

Zwerg Exchequer Henne

Zwerg Wyandotte Henne

Zwerg-Barnevelder Henne

Zwerg-Cochin Hahn

Zwerg-Sulmtaler Henne

Zwerg-Welsumer Henne

Hühner für große Gärten

Wenn Sie ungewöhnlich viel Platz für Ihre Hühnerhaltung Verfügung haben:

Bielefelder Kennhuhn, Brahma, Cochin, Deutsche Langschan, Malaien, Orpington, Jersey Giant, Sandschak Kräher, Satsumadori, Sulmtaler

Hühner mit hohem Zierwert

Wenn Ihre künftigen Gartenhühner in erster Linie schön sein sollen:

Brakel, Cubalaya, Federfüßiges Zwerghuhn, Lakenfelder, Paduaner, Phönix, Satsumadori, Sebright, Sumatra, Yokohama

Hühner, die leicht zahm werden

Wenn Ihnen ein vertrauensseliger Grundcharakter am wichtigsten ist:

Araucana Huhn, Barnevelder, Brahma, Chabo, Holländer Weißhaube, Indischer Kämpfer, Marans, Moderner Englischer Kämpfer, Paduaner, Pawlowskaja, Schwedisches Blumenhuhn

Auf dieser Doppelseite sehen Sie einen Vorzeige-Hühnerstall in Hanglage aus verschiedenen Perspektiven. Die beiden Highlights sind die von außen eingreifbaren Legenester und der raubtiersichere, überdachte Volieren-Vorbau.

Stall & Gehege für Gartenhühner.

Siehe Folgen 103 und 115!

Über die beiden Fragen, wie viel Platz Hühner brauchen und wo ein Hühnerstall am besten im Garten platziert werden sollte, habe ich bereits im Kapitel „Ist mein Garten hühnertauglich?" geschrieben. Hier soll es nun um den Hühnerstall und das Gehege an sich gehen.

Was Hühner in Stall und Gehege wirklich brauchen

Hühner sind im Grunde genommen bescheidene Tiere und stellen an Stall und Gehege keine schwer erfüllbaren Anforderungen. Im Stall will jede Henne am Boden etwas Scharrraum finden, möchte auf den Sitzstangen einen Platz für die Nachtruhe haben und wünscht sich für die Ablage der Eier geschützt platzierte Legenester. Wenn dann viel Licht durch ein Fenster in den Stall hereinfällt, saubere Trink- und Fressgelegenheiten vorhanden sind und der Stall trocken sowie frei von Zugluft ist, ist das schon viel wert. Minusgrade werden von vielen Hühnerrassen erstaunlich gut vertragen, weshalb Sie sich in puncto Beheizung und Isolierung rassespezifisch informieren sollten. Im Auslauf wollen Hühner ausreichend viele Gelegenheiten zum Scharren und Picken

Vom passenden Zaun über geeignete Legenester (hier aus leicht zu reinigendem Kunststoff) bis hin zu Sitzstangen in variabler Höhe muss an vieles gedacht werden, will man glückliche Hühner haben.

finden, brauchen ein Sandbad bzw. Staubbad für ihre tägliche Gefiederpflege und sind froh, wenn sie mal etwas Sonne abbekommen. Am wohlsten fühlen sich Hühner in Ausläufen, die nicht völlig frei von jeglichem Grünzeug sind. Ideal ist eine gute Strukturierung durch ungiftige Gehölze, Großstauden, Ziergräser, Baumwurzeln, Steine und Ähnliches. Wilde Hühner führen zumeist in Waldgebieten ein eher verstecktes Leben im Unterholz. Auch unsere Haushühner suchen daher instinktiv nach Deckung und halten sich unter Sträuchern, im Bambusgestrüpp oder beim überdachten Sandplatz für das Staubbad lieber auf als auf „fußballfeldartigen" offenen Rasenflächen.

Was Stall & Gehege aus menschlicher Sicht zweckmäßig macht

Aus menschlicher Sicht sollte ein Hühnerstall in erster Linie praktisch zu reinigen sein, und dafür muss man an jede Stelle gut herankommen können. Oft vergessen wird ein Stromanschluss, der jedoch spätestens im Winter notwendig sein wird, sei es, um eine Wärmelampe, einen Frostwächter oder

Links: Bei Hanglagen muss der untere Zaunabschnitt deutlich höher gebaut werden als der obere, weil er selbstredend leichter überflogen werden kann.
Rechts: Der schattenspendende Haselstrauch direkt am Hühnerstall kommt den Tieren sehr gelegen.

einen Tränkenwärmer in Betrieb zu nehmen. Ausgesprochen hilfreich, aber nicht zwingend notwendig sind kleine Special Effects, wie Legenester, auf die man von außen zum Eierabnehmen zugreifen kann, automatische Hühnerklappen und eine Stallbeleuchtung für den Fall, dass man mal des Nächtens etwas im Hühnerstall zu erledigen hat.

Der Hühnerauslauf erfüllt für den Halter seinen Zweck, wenn er den Hühnern keine Gelegenheiten zum Ausbüxen bietet. Ein ausreichend hoher Zaun ist hierfür Grundvoraussetzung, wobei das Material letztlich kaum eine Rolle spielt. Bewährt hat sich bei flugfreudigen Rassen eine Absicherung nach oben hin in Form eines Netzes. Das hindert nicht nur die Hühner am Hinausfliegen, sondern auch Greifvögel, Raben und Ähnliche am Hineinfliegen.

Eine Überlegung wert sind auf jeden Fall mobile Hühnerställe, denn sie können im Sommer schattiger platziert werden als im Winter und erlauben es, verschiedene Zonen im Garten abwechselnd mit den Hühnern zu bevölkern. Damit der Auslauf mobil ist und mitwandern kann, wird bei dieser Variante gern ein Geflügelnetz als Umzäunung genutzt, das sich nach Bedarf schnell umstecken lässt. Wenn Hühner im Laufe des Jahres verschiedene Auslaufflächen nacheinander nutzen können, macht das aus hygienischer und gartengestalterischer Sicht Sinn. Zum einen haben Parasiten des Hühnerverdauungstrakts weniger Chancen, ihren Lebenszyklus abzuschließen, zum anderen werden Wiesen und Rasenflächen nicht bis zum Absterben überstrapaziert.

Auf ungewöhnliche Rassen spezifisch eingehen

Wenn Sie damit beginnen, das künftige „Happy-Hühner-Home" zu planen, sollte bereits klar sein, welchen Hühnertypus Sie in Zukunft halten werden. Nicht wenige Hühner haben rassetypische Besonderheiten, auf die man selbstredend so gut wie möglich eingehen sollte. Schwere Brahmas und Cochins schlafen nicht gern auf hohen Sitzstangen, sondern nächtigen oft lieber am Boden. Sie sollten darum von vornherein mehr Bodenfläche zugestanden bekommen. Langschwanzrassen wie Cubalayas, Sumatras und Yokohamas brauchen viel Raum, weil ihre Sitzstangen nicht zu nah an der Stallwand positioniert werden dürfen. Sie stoßen sich sonst nämlich ihr schönes Schwanzgefieder mit der Zeit

Zumindest einen kleinen Quarantäne- bzw. Ausweichstall sollten Sie sich für Notfälle und Neuzugänge zulegen. Diese beiden Weißhauben-Hühner sind wieder kerngesund und dürfen bald zur Gruppe zurück.

ab, was unschön aussieht. Manche Haubenhühner mit sehr großen Federhauben, wie Paduaner und Sultanhühner, sind nicht ganz unkompliziert, denn hier ist es die Bepflanzung des Auslaufs, die wohlüberlegt sein will. Dicht verzweigte Sträucher und Büsche laden die Haubenhühner zum Durchschlüpfen ein, wobei sie sich dann gern ihre schönen Hauben kaputt machen. Eher linear wachsende Großstauden, wie Chinaschilf (*Miscanthus sinensis*) und Topinambur (*Helianthus tuberosus*), sind daher für die Strukturierung ihrer Gehege besser geeignet.

Einen Ausweichstall einplanen

Je mehr Hühner man in der Gruppe hat, desto höher ist die Wahrscheinlichkeit, dass ein Stall allein auf Dauer nicht ausreichen wird. Aus verschiedenen Gründen kann ein kleiner Ausweichstall nützlich sein, sei es, weil ein Tier krank ist und separiert werden muss, weil eine rangniedrige Henne zu sehr gemobbt wird und deshalb kurzfristig aus der Gruppe soll oder weil eine brütwillige Henne ein ungestörtes Plätzchen für ihr Mutterdasein braucht.

So ein zusätzliches Hühnerheim eignet sich zudem als Quarantänestall für Neuzugänge. Man weiß zum Beispiel nie, was Hühner von einem großen Kleintiermarkt alles an Krankheiten einschleppen. Solche Märkte sind leider auch Umschlagplätze für Viren und Bakterien. Es wird zwar in der Praxis viel zu selten gemacht, aber es hat sich bewährt, neue Hühner in den ersten vier Wochen getrennt vom restlichen Bestand einzugewöhnen.

Ideen für Gartenhühnerställe

Ich habe in den letzten Jahren so viele gelungene Lösungen für Hühnerställe in Gärten zu sehen bekommen, dass ich diesem Thema gern den etwas abgedroschenen Spruch voranschicken möchte: „Lassen Sie Ihrer Kreativität freien Lauf."
Man sollte tatsächlich so viele Ideen sammeln, wie man nur kann, und sich dann überlegen, wie man den Stallbau im eigenen Garten umsetzen will. Manche Gartenhühnerställe sind solche auf-

Aus einem großen Beton-Kanalrohr wurde hier ein klimaneutraler Erdstall, der im Sommer einer bunten Truppe von Junggeflügel als Zuhause dient. Im Winter bleibt er frostfrei.

fallenden Blickfänge, dass sie zum zentralen Punkt in ihrem Garten geworden sind, um den sich alles andere zu drehen scheint. Andere Hühnerställe fügen sich so harmonisch und abgerundet in das Gesamtbild einer Gartengestaltung ein, dass sie wie ein Teil derselbigen wirken und der Eindruck entsteht, alles wäre miteinander verwoben. Dazwischen gibt es alle erdenklichen Übergänge. Manchmal hat man die Chance, bereits bestehende Strukturen im Garten für die Hühnerhaltung zu nutzen.

Vielleicht haben Sie das Glück, einen Schuppen, ein Gartenhäuschen oder ein ausrangiertes Kinderspielhaus in ein Heim fürs Federvieh umbauen zu können. Auch die fertigen Hühnerställe, wie man sie beispielsweise im Internet in unzähligen Varianten findet, haben sich in den letzten Jahren stark verbessert. Klar, die schlecht isolierten und viel zu kleinen Billigvarianten, die mehr an Kaninchenboxen denn an Hühnerställe erinnern, sind nicht aus dem Sortiment verschwunden, aber man findet mittlerweile wahre Hühnerwohnträume, und wer bereit ist, ein bisschen Geld in die Hand zu nehmen, kann sich auf diesem Weg durchaus eine passende Lösung für das eigene Gartenreich zulegen. Ansonsten will ich jetzt Bilder sprechen lassen und Ihnen einige ungewöhnliche Gartenhühnerställe auf den zu diesem Kapitel gehörenden Fotos zeigen. Vom klimaneutralen Erdstall im Staudenbeet bis hin zum Hobbithaus für Zwerghühner ist alles dabei. Lassen Sie sich inspirieren und bedenken Sie stets, dass es den Hühnern letztlich egal ist, wie der Stall aussieht, solange er nur alles bietet, was diese für ihr Wohlbefinden brauchen.

Mehr zum Thema Inneneinrichtung des Stalls finden Sie in meinem ersten Hühnerbuch „Happy Huhn – Von dem Vergnügen, glückliche Hühner halten zu dürfen" sowie in den zwei eingangs des Kapitels empfohlenen Videos.

Gepflegte Zucht-Volieren für Serama-Hühner.

Foto © Alexander Gallé

Ob Ihre Hühner eine Chance haben, dauerhaft gesund zu bleiben, wird von vielen Dingen beeinflusst: Auslaufgröße, Stallhygiene, Futterqualität, ob andere Geflügelarten anwesend sind (hier eine Wachtel), wie häufig ernste Rangordnungs-Kämpfe in der Gruppe vorkommen und nicht zuletzt, wie von Ihrer Seite mit Neuzugängen umgegangen wird (Quarantäne!).

Gartenhühner gesund erhalten.

Siehe Folgen 90 und 121!

Es ist eine Freude, gesunden und lebensfrohen Hühnern im Garten dabei zuzuschauen, wie sie ihr glückliches Dasein unbekümmert genießen. Dass die Tiere fit und wohlauf bleiben, sollte jedem Hühnerhalter ein permanentes Grundanliegen sein.

Sind Hühner erst einmal krank, gibt es häufig keine Rettung mehr. Viele Krankheiten und Beschwerden sind nur schwer richtig und vor allem rechtzeitig zu diagnostizieren, weshalb Vorbeugen bei Hühnern das Um und Auf ist.

Zu den Dingen, die Hühner immer zur Verfügung haben müssen, um gesund zu bleiben, zählen frisches Trinkwasser und ein ausreichend großes Sandbad bzw. Staubbad für die Gefiederpflege.

Was man vorbeugend tun kann

Ein nicht überschätzbarer Aspekt der Hühnergesundheit ist die tiergerechte Fütterung, um die es im vorhergehenden Kapitel gegangen ist. Haben die Hühner keine Mangelerscheinungen und sind abwechslungsreich ernährt, kommen viele Probleme gar nicht erst auf. Es hilft Hühnern, gesund zu bleiben, wenn die Gruppengröße nicht zu groß und daher die Hackordnung stabil ist, denn die einzelnen Tiere haben dann weniger Stress. Eine Selbstverständlichkeit sollte ein Sandbad sein, das es den Hühnern jederzeit ermöglicht, ihr Komfortverhalten in Form eines ausgiebigen Staubbades auszuleben. Sie entfernen so Schmutz und Ungeziefer aus ihrem Gefieder.

Hygiene sollte im Stall und Auslauf stets großgeschrieben werden. Vermeiden Sie große Kotansammlungen ebenso wie das übermäßige Herumliegen von ausgefallenen Federn. Hühner, die nach dem Prinzip der Wechselweide immer wieder verschiedene Auslaufflächen nutzen können, sind selbstredend weniger gefährdet, krank zu werden, als solche, die sich das ganze Jahr über auf ein und derselben Fläche aufhalten. Damit Hühner auch an Regentagen nicht nass werden, wenn sie den Freilauf nutzen wollen, hat es sich bewährt, einen Bereich des Auslaufs zu überdachen. Nasse Hühner erkälten sich leicht und bekommen dann einen Schnupfen, der sie für weitere Erkrankungen anfällig macht. Nehmen Sie sich jeden Tag ein bisschen Zeit, um Ihre Hühner zu beobachten, denn so können kränkliche oder verletzte Tiere schnell identifiziert werden. Über die Vorteile eines Quarantänestalls für Neuzugänge habe ich bereits im Kapitel über den Hühnerstall berichtet.

Huhn und Tierarzt

Ich will gar nicht erst versuchen, mir den Anstrich eines Hobbytierarztes zu geben, und hätte im Rahmen dieses Buches gar nicht die Möglichkeit dazu, alle wichtigen Hühnerkrankheiten systematisch durchzuarbeiten. Zwei Dinge möchte ich Ihnen darum wärmstens empfehlen:

Nummer 1: Suchen Sie sich rechtzeitig einen fachkundigen Tierarzt in Ihrer Nähe, der im Falle ei-

Dieser Soda-Hahn befindet sich gerade in der empfindlichen Phase der Mauser und wartet darauf, dass sein Schwanzgefieder nachwächst.

nes Falles auch Hühner untersucht und behandelt. Immer wieder kommt es vor, dass Hühnerhalter von Veterinären abgewiesen werden, wenn sie mit einem Huhn in die Praxis kommen. Dann auf die Schnelle einen Ersatztierarzt finden zu müssen, ist nicht nur ärgerlich, sondern kostet wertvolle Zeit.

Nummer 2: Legen Sie sich einschlägige Fachliteratur zum Thema Geflügelkrankheiten und Hühnergesundheit zu. Nicht umsonst wurden ganze Bücher darüber geschrieben, die mehr als doppelt so dick sind wie mein Büchlein, das Sie hier gerade in der Hand halten.

Gesetzliches rund um die Hühnergesundheit

Das Gesetz darf, wenn es um die Hühnergesundheit geht, nicht außer Acht gelassen werden. Eine Impfpflicht ist in Deutschland etwa für die gefürchtete Newcastle-Krankheit gegeben, wobei das vorwiegend für Züchter wichtig zu wissen ist. Die Vogelgrippevorfälle der letzten Jahre haben zur Verschärfung von gesetzlichen Bestimmungen geführt. So darf in einigen Regionen Europas das Hausgeflügel im Freien nur getränkt und gefüttert werden, wenn Wildvögel keine Chance haben, an diese Futterstellen heranzugelangen. Ebenfalls aus seuchenhygienischen Gründen dürfen Hühner vielerorts nicht mit anderen landwirtschaftlichen Nutztieren wie Rindern, Schafen, Schweinen und Puten im selben Stall untergebracht sein. Informieren Sie sich über die Bestimmungen in Ihrer Region.

Lebensmittelreste, wie hier eingeweichtes Brot, dürfen in moderaten Mengen an Gartenhühner verfüttert werden – hier ist es ein Quartett von Chabos.

Gartenhühner tiergerecht füttern.

Siehe Folge119!

Hühner beanspruchen zwar nicht so viel Zeit wie andere Haustiere, ich denke da zum Beispiel an den Hund und das Pferd, aber sie machen dennoch jeden Tag ein bisschen Arbeit, und man darf sie nie ganz außer Acht lassen. Zu den Dingen, für die man sich am meisten Zeit nehmen sollte, gehört sicherlich die tägliche Aufbereitung und Zusammenstellung des Futters, denn keinesfalls sollte man sich hier nur auf fertige Körnermischungen verlassen. Gartenhühner haben meist das große Glück, dass sie deutlich artgerechter verköstigt werden als ihre Artgenossen in der

Oben: Hühner aller Rassen lieben frischen Salat und stürzen sich regelrecht auf Kopfsalat, Vogerl-/Feldsalat, Endivien und Co.

Links: Geriebene Karotten mit Naturjoghurt sind ein Highlight der Hühnerfütterung.

Rechts: Nicht nur Gartenhühner, auch Wachteln freuen sich an heißen Sommertagen über ein erfrischendes Stück Wassermelone.

Landwirtschaft. Für Geflügelfarmen wäre es letztlich einfach nicht möglich, gewinnbringend zu wirtschaften, wenn sie ihre Hühner so abwechslungsreich füttern würden, wie es für diese gut wäre. Die Folge ist eine zu einseitige Fütterung auf Basis von Getreide, Mais und Soja.

Wir Halter von glücklichen Gartenhühnern wollen es uns nicht so einfach machen, sondern unsere Hühner so richtig verwöhnen. Hühner sind von Natur aus Allesfresser (die nicht alles fressen dürfen) und wollen sich abwechslungsreich ernähren.

Die Karotte ist das mit Abstand wichtigste Wurzelgemüse in der Hühnerfütterung und darf täglich in geriebener Form gereicht werden.

Was Hühner fressen dürfen

Dass Hühner gern Getreidekörner fressen, weiß jedes Kind. In der Natur machen Körner aber nur einen kleinen Teil ihrer Ernährung aus, weil sie nicht unbedingt in großen Mengen verfügbar sind für die Tiere. So ernähren sich Hühner auch von allerlei Grünzeug und zu einem erheblichen Teil sogar von tierischer Kost wie Insekten und Würmern. Domestizierte Haushühner ernähren sich ähnlich, wenn sie frei herumlaufen dürfen. Auf einer großen grünen Wiese, die mit einigen Gehölzen bestanden ist, finden sie ständig irgendwas Fressbares und brauchen dann sogar weniger Futter von Menschenhand. In kleinen Gehegen ist die eigenständige Futterbeschaffung für die Tiere stark eingeschränkt, und dann ist es wichtig, dass der Halter genug Abwechslung anbietet. Verschiedene Salate, wie Feldsalat, Chicorée, Romana-Salat (Forellenschluss) und Eisbergsalat, Wurzelgemüse aller Arten, wie Rote Beete, Karotte, Rübe und Pastinake, aber auch Kohlgewächse von Brokkoli bis hin zum Grünkohl sowie Fruchtgemüse, allen voran der Kürbis, können zum Einsatz kommen. Auch regelmäßig verfüttert werden dürfen bestimmte Küchenkräuter, wie die Petersilie, der Fenchel und das Basilikum, und diverse Wildkräuter wie Brennnessel, Luzerne, Löwenzahn und Vogelmiere. Das war jetzt nur ein kleiner Bruchteil der tatsächlichen Möglichkeiten, den Menüplan der Hühner mit Gemüse und Grünfutter Tag für Tag aufzuwerten. Unbändig freuen sich viele Hühner über die gelegentliche Gabe von tierischem Futter mit viel Protein, das man ihnen in Form von Naturjoghurt und Quark, getrockneten und lebenden Mehlwürmern oder, so widernatürlich es sich auch lesen mag, gekochtem Ei anbieten kann.

Was Hühner alles fressen dürfen: Von diversen Getreidearten, Kräutern, Salaten, Gemüsen, Beeren und Obst bis hin zu tierischem Futter, wie Mehlwürmern, Bachflohkrebsen und Naturjoghurt, ist alles möglich.

Solche Spezialleckereien sind gut zum Hühnerzähmen geeignet. Mit Bedacht ausgewählte Speisereste vom menschlichen Teller werden ebenfalls von den meisten Hühnern gern gefressen. Am beliebtesten sind Spaghetti und Nudeln aller Art, sowie Reis und eingeweichtes Brot. Um den Mineralstoffhaushalt der Hühner aufrechtzuerhalten, kann die Gabe von Mineralfutter und Muschelgrit helfen.

Fertige Futtermischungen

Das Körnerfutter für Hühner gibt es in verschiedenen Darreichungsformen – von geschrotet bis gepresst.

Fertige Hühnerfuttermischungen auf Körnerbasis gibt es im Handel viele verschiedene, und hierbei ist es vor allem wichtig, zwischen den verschiedenen Darreichungsformen zu unterscheiden. Vom Mehlfutter über das geschrotete Futter bis hin zu Mischungen mit ganz belassenen Körnern ist alles verfügbar und hat so seine Vor- und Nachteile (siehe Bildergalerie). Gepresste Pellets haben sich in der Praxis ebenfalls bewährt, weil sie sehr ergiebig sind und den Hühnern wenig Möglichkeiten zu selektivem Fressen lassen.

Einige Futtermittelhersteller haben sich auf die Allesfressernatur der Hühner besser eingestellt als andere und bieten sogar Futtermischungen aus dem Sack an, die neben vielfältigen Getreidearten und tierische Komponenten beinhalten. Solche Mischungen sind zwar teuer und können die Frischfuttergaben nicht vollständig ersetzen, aber sie bieten den Hühnern auf jeden Fall eine gute Futterbasis und Sie finden daher im hinteren Teil des Buches auch eine Markenempfehlung von mir.

Was man für die Futterküche braucht

Das tägliche Zerkleinern, Mischen und Verarbeiten von Frischfutter lässt sich am besten bewerkstelligen, wenn man hierfür einen eigenen Ort im Haus oder im Stall zur Verfügung hat, an dem sich auch alles Zubehör unterbringen lässt. Praktischerweise sollte eine „Futterküche" mit Schüsseln und Gefäßen aller Art, verschiedenen Schneidwerkzeugen, von der Kräuterschere bis hin zum scharfen Messer, sowie fließendem Wasser ausgestattet sein. Tolle Hilfsmittel sind die kleinen handbetriebenen Gemüse- und Zwiebelschneider mit Drehmechanismus. Sie machen aus Kräutern, Karotten, Zwiebeln, Brokkoli und Roter Beete quasi im Handumdrehen „Kleinholz", das sich dann gut mit anderen Futterarten vermengen lässt.

Für die Hühner-Futterküche braucht man eine Vielzahl von Hilfsmitteln, inbesondere Werkzeuge zum Zerkleinern verschiedenster Futterarten.

Einen Nutzgarten für die Hühner anlegen

Wenn Sie bereits einen Nutzgarten haben, werden Sie schnell feststellen, dass vieles von dem, was für den menschlichen Verzehr angebaut wird, auch den Hühnern hervorragend mundet. Damit die Hühnerschar nicht vorzeitig mit der „Ernte" beginnt, ist es ratsam, die Hühner bis zum Saisonende aus dem Nutzgarten zu verbannen. Viele Hühnerhalter bauen eigens für die Hühner verschiedene Salate, Kräuter und Gemüsearten an und haben so immer Frischfutter Marke Eigenbau zur Verfügung. Das ist in höchstem Maße empfehlenswert, denn besseres Futter kann man seinen Tieren gar nicht anbieten. Selbst für die Wintermonate lassen sich lagerfähige Gemüsearten wie Kürbis, Rüben und Rote Beete auf Vorrat anbauen und helfen so dabei, die kalte Jahreszeit zu überbrücken. Auch so manches Hühnerheilkraut lässt sich prima selbst anbauen. Im mittleren Buchteil: „30 Pflanzenschätze für den Hühnergarten", finden Sie ausgewählte Empfehlungen für Heil- und Nutzpflanzen, die meiner Meinung nach in keinem Hühnergarten fehlen sollten.

Diese Zwerg-Cochin-Glucke zieht hier gerade wildfarbige Seidenhuhn-Küken groß und geht in ihrer Rolle als Leihmutter voll und ganz auf.

Nachwuchs bei den Gartenhühnern.

Siehe Folgen 82 und 105!

Küken sind zweifellos süß, und ihr Anblick, wenn sie mit ihrem fellähnlichen Flaumkleid durch eine Frühlingswiese laufen, einer wachsamen Glucke auf Schritt und Tritt folgend, zaubert nicht nur Kindern ein Lächeln ins Gesicht.

Viele private Hühnerhalter wünschen sich daher verständlicherweise wenigstens einmal Nachwuchs bei den eigenen Gartenhühnern und bedenken dabei nicht, wie schnell Küken groß werden.

Meine berühmte YouTube®-Henne Traudi, ein schwedisches Blumenhuhn, hat sich in meinem eigenen Hühnergarten als perfekte Hühnermama erwiesen.

Hühner im Privatgarten vermehren – ja oder nein?

Hühner sind nicht schwer zu vermehren. Die Glucken vieler Rassen kommen zuverlässig mindestens einmal im Jahr in Brutlaune, und wenn sie ihre Sache gut machen, schlüpfen die Küken schon nach 21 Tagen Brutzeit aus den Eiern. Selbst wenn man keinen Hahn hat, kann man der Glucke dennoch

Links: Die schwarzen Ayam-Cemani-Küken genießen den Schutz von Mamas wärmendem Federkleid.

Rechts: Soda-Huhn Bella macht einen Gartenrundgang mit ihrem ca. drei Wochen alten Nachwuchs.

befruchtete Eier aus fremden Hühnerbeständen unterlegen, um so zum Bruterfolg zu kommen. So weit, so gut. Wenn die Küken dann allerdings da sind, stellt sich so manche Frage. Zum Beispiel die Platzfrage. Nur in wenigen Fällen gelingt es, kleine Küken erfolgreich in der Gruppe mit anderen Hühnern aufzuziehen. Zumindest für die ersten beiden Lebenswochen sollten Sie eine separierte Unterbringung für die kleine Familie zur Verfügung haben. Eine andere wichtige Frage ist auch, was mit den Küken geschehen soll, wenn sie groß sind. Man kann nur selten alle behalten, zumal in der Regel etwa 50 Prozent des Nachwuchses aus Hähnen bestehen wird. Hähne sind im Gegensatz zu Hennen nur schwer an neue Plätze zu vermitteln, weil jeder, der Hühner züchtet, einen Überschuss an männlichen Tieren hat. In der Regel kann man Junghähne daher nur an „Selbstversorger" abgeben, bei denen sie früher oder später nun mal im Kochtopf landen. Können Sie damit leben?

Warum züchten?

Hühner vermehren und Hühner züchten ist nicht das Gleiche. Vermehren tun sich Hühner von allein, wenn man sie lässt. Alle Rassen sind untereinander grundsätzlich kreuzbar und aus einer bunten Truppe verschiedener Rassen können so die unterschiedlichsten Mischlinge fallen. Das kann spannend sein, die Frage ist aber, ob man nicht lieber gleich gezielt züchten möchte. Die Zucht an sich ist etwas sehr Kontrolliertes, mit gewissen Vorgaben. Der Mensch bestimmt, welcher Hahn sich mit den Hennen paaren darf, und wählt dann aus der Nachzucht wiederum nur die besten Sprösslinge für die Weiterzucht aus. Nur so kann das Erscheinungsbild vieler Kulturrassen dauerhaft aufrechterhalten werden. Wenn Sie ernsthaft züchten möchten, erfordert dies im Vergleich zur unkontrollierten Vermehrung von Hühnern deutlich mehr Fachwissen, Zeit, Platz und Geld. Wenn Ihr Garten groß genug ist, können Sie als privater Hühnerhalter beispielsweise einen wertvollen Beitrag zur Erhaltung seltener, gefährdeter Hühnerrassen leisten. Wie wäre es etwa mit der Zucht von Appenzeller Barthühnern, Proveis-Ultentaler Hühnern oder Ostfriesischen Möwen? Schließen Sie sich einem Zuchtverband an, wenn das Thema Erhaltungszucht Sie interessiert.

Wie man eine Glucke samt Kükenschar versorgt

Sofern Sie sich nicht für die Kunstbrut entschieden haben, also das Ausbrüten von befruchteten Eiern mit einem Inkubator, werden Ihre Küken von einer Glucke großgezogen. Nur wenige Tiermütter wirken so aufopferungsvoll und stets besorgt auf den Betrachter wie eine stolze Hühnermama. Glucken sind wirklich rund um die Uhr mit vollem Einsatz für ihre Sprösslinge da, und das für viele Wochen. Unterstützen Sie das Familienglück, so gut Sie können, indem Sie beispielsweise dafür sorgen, dass Glucke und Küken im Garten viel Ruhe haben. Ein eventueller Auslauf für die Familie sollte katzensicher sein und vor extremen Witterungsverhältnissen schützen. Damit die Kleinen problemlos fressen können, empfiehlt es sich, alle Futterarten kükengerecht zuzubereiten. Es macht übrigens nichts, wenn die Glucke von speziellen, extra gehaltvollen Aufzucht-Futtermischungen frisst. Für sie ist die Kindererziehung eine stressige Angelegenheit und das proteinreiche Kükenfutter tut ihr daher für einen gewissen Zeitraum sogar gut. Im Buchteil „30 Pflanzenschätze für die Hühnerhaltung" stelle ich Ihnen einige Heil- und Futterpflanzen näher vor, die sich für die Versorgung von Küken besonders gut eignen, wie die Brennnessel, die Kamille und die Karotte.

Eine ausführliche Beschreibung in zehn Punkten, zur Versorgung von Glucken samt Kükenschar, finden Sie in meinem Buch „Happy Huhn – Von dem Vergnügen, glückliche Hühner halten zu dürfen", weshalb ich hier bewusst nicht noch tiefer in diese Materie eintauchen möchte.

Hühner schonend entglucken

Immer wieder einmal kommt es vor, dass eine Henne zu einem ungünstigen Zeitpunkt in Brutlaune gerät oder dass sogar eine Henne brüten möchte, die zu einer Rasse zählt, die eigentlich keinen Bruttrieb mehr haben sollte. Wie dem auch sei – es ist dann oft gar nicht so leicht, die Henne wieder aus dem „Brütmodus" herauszubekommen, wenn eine Brut unerwünscht ist. Eine bewährte Methode ist es jedoch, die Henne tagsüber einfach aus dem Stall auszusperren. Erst wenn es stockdunkel ist, lässt man sie dann wieder in den Hühnerstall zurück und platziert sie dabei am besten gezielt auf einer Sitzstange. Machen Sie das alles am besten ohne Beleuchtung, denn weil Hühner nachtblind sind, wird die Henne zuverlässig auf der Stange sitzen bleiben und verliert, wenn sie diese Prozedur ein paar Tage hintereinander wiederholen, in der Regel das Interesse am Brüten. Um eine Brut vorbeugend zu verhindern, empfiehlt es sich, die Eier täglich einzusammeln, denn viele Hennen werden erst durch den Anblick eines vollen Nestes zur Brut animiert.

Eine brütwillige bzw. „gluckige" Henne erkennt man daran, dass sie ihr Gefieder wie hier, aufplustert und dazu tiefe kurze Gackerlaute ausstößt, wenn man ihr zu nahe kommt.

Immer wieder ertrinken Hühner in offenen Swimmingpools und ungeschützten Garten-teichen. Decken Sie Pools, wenn sie nicht benützt werden zur Sicherheit ab.

Foto © Alexander Gallé

Giftpflanzen und andere Gefahren für Gartenhühner

Siehe Folgen 24 und 125!

Wer seinen Garten als Hühnerparadies bezeichnen möchte, muss darauf achten, dass die Hühner ein möglichst gefahrloses Leben darin führen können. Ein gewisses Risiko für Zwischenfälle bleibt im Freien immer bestehen, aber man kann viel dafür tun, dass ein Garten für die Hühner zu einem sicheren Ort wird. Die folgenden fünf Punkte sollten Ihnen dabei helfen, ihr privates Hühnerparadies zu optimieren.

Andere Haustiere, Greifvögel und Raubtiere

Wildhühner haben in der Natur viele Feinde. Sie sind typische Beutetiere und stehen auf dem Menüplan vieler Fleischfresser. Bei den domestizierten Haushühnern ist das nicht unwesentlich anders. Marder, Fuchs und Wiesel kommen regelmäßig auf die Idee, sich einen saftigen „Hühnerbraten" zu holen. Waschbären, Marderhunde und Frettchen werden immer häufiger in Siedlungsnähe gesichtet und scheuen den Hausgarten nicht. Ein sicherer Hühnerstall, der am Abend stets rechtzeitig verschlossen wird, ist die beste Vorsorge gegen Raubtiere dieser Art, denn nur in Ausnahmefällen erscheinen diese tagsüber auf der Bildfläche. Tagsüber sind Greifvögel die schlimmste Plage für Hühnerhalter. Haben sie einmal herausgefunden, wo es Hühner zu holen gibt, kehren sie gern regelmäßig wieder und verkleinern ungeschützte Hühnerbestände damit zusehends. Sollte Ihre Hühnerschar von Greifvogelattacken betroffen sein, hilft nur eines: Der Auslauf muss nach oben hin abgesichert werden. Am kostengünstigsten geht das mit einem reißfesten Netz.

Einen gewissen Schutz für Hühner bieten gemeinsam mit ihnen gehaltene Gänse und Puten, die auf Greifvögel abschreckend wirken.

Der Marder ist wohl der häufigste Hühnerfeind. Hier hat ein Baummarder ein Eintagesküken im Maul.

Katzen und Hühner vertragen sich nicht überall so gut wie auf diesen Bildern. Hühnerrassen ab 1 kg Gewicht sind aber in der Regel sicher vor den Krallen der „Schmuseraubtiere".

Was andere Haustiere anbelangt, so können insbesondere Katzen und Hunde den Hühnern gefährlich werden. Nicht jeder Hund lässt sich zum Hühnerbeschützer umerziehen, und so manche Katze hat keine Hemmungen, Jagd auf Küken oder kleine Zwerghühner zu machen.

Die Gefahr des Ertrinkungstodes

Offene Swimmingpools, Gartenteiche mit steilen Ufern und Regentonnen ohne Deckel werden immer wieder zu Todesfallen für Hühner. Schwimmen können Hühner nämlich nicht gut, und wenn sie es nicht sofort schaffen, wieder aus dem Wasser zu kommen, saugt sich ihr Gefieder voll und sie ertrinken unweigerlich. Küken sind schon in Gießkannen, Wassereimern und sogar Trinkschalen ertrunken, die speziell für die Hühner aufgestellt wurden. Gehen Sie kein Risiko ein und decken Sie Pools und Regentonnen stets ab, wenn sie nicht im Einsatz sind. Gartenteiche sollten so angelegt werden, dass sie möglichst flach ausgedehnte Uferzonen aufweisen, mit dichtem Pflanzenbewuchs und vielen Steinen, die aus dem Wasser herausragen. So können die Hühner während des Freilaufs relativ gefahrlos trinken, denn grundsätzlich lieben sie solche naturnahen Wasserquellen. Man könnte sogar sagen, dass ein Naturteich eine magische Anziehungskraft auf das Federvieh ausübt.

Hühner können nicht schwimmen, weshalb Gartenteiche in Hühnergärten möglichst flach, reich bepflanzt und natürlich angelegt werden sollten. Nur so können Hühner das Wasser im Notfall selbstständig verlassen.

Dünger, Blumenerde und Pflanzenschutzmittel

Schneckenkorn, Unkrautsalz und Düngemittel dürfen selbstredend im Hühnergarten nicht offen herumstehen, denn fressen die Hühner davon, ist das schlecht für sie. Überhaupt würde ich Ihnen in einem Hühnergarten davon abraten, Kunstdünger, vorgedüngte Blumenerden und Spritzmittel übermäßig viel zu verwenden. Verzichten Sie am besten vollständig auf diese Produkte – der Natur, den Tieren und sich selbst zuliebe. Natürliches Gärtnern ist letztlich die einzige Art zu gärtnern, die mit der Hühnerhaltung zu 100 Prozent kompatibel ist.

Topfpflanzen können für neugieriges Federvieh durch gedüngte Erde, giftige Pflanzenteile und Rückstände von Pflanzenschutzmitteln Gefahren bergen.

Auch Zäune haben Gefahrenpotential: Durch den Lattenzaun am oberen Bild können Küken entwischen, während sich Hühner im Netzzaun auf den beiden unteren Bildern, leicht verheddern können.

Zäune, Gitter und Netze

Dass ein Hühnerzaun so beschaffen sein sollte, dass sich die Hühner daran nicht verletzen oder strangulieren können, sollte selbstverständlich sein. Wie aber steht es mit bereits vorhandenen Zäunen im Garten? Häufig ist der Garten bereits vorab eingegrenzt. Kontrollieren Sie bestehende Grundstückseinfriedungen auf abstehende Drähte, Schlupflöcher in ungünstigen Größen und giftige Materialien. Die grundsätzlich von mir gern als mobile Umzäunung empfohlenen Netzzäune bieten ebenfalls ein gewisses Gefahrenpotenzial, das ich Ihnen hier nicht verheimlichen möchte. Manchmal kommt es vor, dass Hühner sich darin verfangen und von allein nicht mehr loskommen, insbesondere dann, wenn diese Zäune nicht gut gespannt wurden und locker „herumflattern". Besorgen Sie sich zusätzliche Zaunpfosten zum Stützen und verwenden Sie diese Geflügelnetze nur, wenn Sie oder jemand anders regelmäßig nach dem Rechten sehen.

Meine schwedische Blumenhenne „Sieglinde“ weiß instinktiv, dass sie die giftigen Krokusse nicht fressen darf und pickt lieber harmlose Wildkräuter ringsherum aus der Erde.

Giftpflanzen

Giftpflanzen sorgen bei Gartenbesitzern, die eine Hühnerhaltung planen, sehr häufig für Verunsicherung. Beschäftigen sich die Leute näher mit dem Thema, stellen sie nämlich oft verblüfft fest, dass es viel mehr Giftpflanzen gibt als ursprünglich angenommen. Selbst in vielen Naturgärten ist sogar der überwiegende Teil der Zierpflanzen mehr oder weniger giftig. Würde man alle diese Gewächse aus dem Gartenreich verbannen, würde nur noch ein kümmerlicher Rest übrig bleiben. Viele Pflanzen beinhalten giftige Stoffe, denn nur so können sie sich, von Dornen und Stacheln einmal abgesehen, in der Natur davor schützen, gefressen zu werden.

Wirklich aus dem Hühnergarten verbannen würde ich nur einige der extrem giftigen Pflanzen, von denen Sie anbei eine kleine Checkliste finden. Für alle mittelmäßig bis schwach giftigen Pflanzen gilt, dass sie zumindest nicht direkt im Hühnerauslauf angepflanzt werden sollten.

Zwar wissen Hühner instinktiv, was sie fressen dürfen und was nicht, aber wenn eine Giftpflanze im Freigehege das einzige verfügbare Grün ist, picken sie diese sehr wohl immer wieder an. In einem üppigen Naturgarten mit großer Pflanzenvielfalt lassen frei laufende Hühner Giftpflanzen erfahrungsgemäß in Ruhe, solange es genug harmloses Grünzeug in ihrem Bewegungsradius gibt. Vorsicht ist übrigens bei manchen Wildpflanzen geboten, die unbemerkt von selbst in den Garten und Hühnerauslauf einwandern können. Besonders häufig ist dies beim Stechapfel *(Datura stramonium)* und beim Schwarzen Nachtschatten (*Solanum nigrum*) der Fall. Letzterer wird vom Volksmund auch als Hühnertod bezeichnet und hat demzufolge in der Vergangenheit wohl schon viele Hühner über die Regenbogenbrücke befördert,die seinen schwarzen Beeren nicht widerstehen konnten.

Im anschließenden Teil dieses Buches, „30 Pflanzenschätze für den Hühnergarten“, finden Sie neben Futter- und Heilpflanzen einige Pflanzenempfehlungen aus der Gruppe der Zierstauden, Kletterpflanzen und Gehölze. Mithilfe dieser Gewächse können Sie Ihr Hühnerparadies gefahrenlos verschönern und begrünen.

1

2

3

7

8

9

13

14

15

19

20

21

25

26

27

28

29

30

4

5

6

10

11

12

16

17

18

22

23

24

Checkliste: 30 stark giftige Gartenpflanzen:

1 **Akelei** (*Aquilegia formosa*)
2 **Akelei** (*Aquilegia* 'Spring Magic')
3 **Bittersüßer Nachtschatten** (*Solanum dulcamara*)
4 **Blauer Eisenhut** (*Aconitum napellus*)
5 **Christrose** (*Helleborus orientalis*)
6 **Efeu** (*Hedera helix*)
7 **Eibe** (*Taxus baccata*)
8 **Engelstrompete** (*Brugmansia suaveolens*)
9 **Fingerhut** (*Digitalis purpurea* 'Alba')
10 **Fingerhut** (*Digitalis purpurea*)
11 **Garten-Anemone** (*Anemone coronaria*)
12 **Garten-Eisenhut** (*Aconitum ×cammarum* 'Bicolor')
13 **Herbst-Anemone** (*Anemone hupehensis*)
14 **Herbstzeitlose** (*Colchicum autumnale*)
15 **Hühnertod** (*Solanum nigrum*)
16 **Kermesbeere** (*Phytolacca acinosa*)
17 **Kirschlorbeer** (*Prunus laurocerasus*)
18 **Kleines Immergrün** (*Vinca minor*)
19 **Lebensbaum** (*Thuja occidentalis*)
20 **Maiglöckchen** (*Convallaria majalis*)
21 **Narzisse** (*Narcissus poeticus*)
22 **Oleander** (*Nerium oleander*)
23 **Osterglocke** (*Narcissus pseudonarcissus*)
24 **Rittersporn** (*Delphinium Elatum*-Gruppe)
25 **Pfingstrrose** (*Paeonia lactiflora*)
26 **Schneeglöckchen** (*Galanthus nivalis*)
27 **Seidelbast** (*Daphne mezereum*)
28 **Stechapfel** (*Datura stramonium*)
29 **Wolfsmilch** (*Euphorbia myrsinites*)
30 **Ziertabak** (*Nicotiana*-Hybriden)

„ALS GELERNTER LANDSCHAFTSGÄRTNER KANN ICH AUS ERFAHRUNG VERSICHERN, DASS SICH PFLANZENVIELFALT UND HÜHNERGLÜCK GUT MITEINANDER IN EINKLANG BRINGEN LASSEN."

Foto © Alexander Gallé

Pflanzenschätze für den Hühnergarten

Auffallend schön blühen hier rings um die Auslauffläche der Seidenhühner der blaue Lavendel und der gelbe Alant.

Viele Hühnerheilkräuter, wie Ringelblume, Salbei, Malve, Fenchel, Lavendel und Schafgarbe, lassen sich gut trocknen und behalten dabei ihre schönen Farben.

Ein Garten ist immer auch ein Aushängeschild ...

und sagt viel über die Leute aus, die in einem Haus wohnen. Man ist stolz auf seinen schönen Garten, und auch wenn man es vielleicht nicht gerne zugibt, man freut sich über das Lob von den Nachbarn, die die üppig blühenden Rosen bewundern, oder über ein paar nette Worte von vorbeigehenden Spaziergängern, die einem zum „kleinen Paradies" gratulieren.

Damit ein Hühnergarten auch von Außenstehenden, um nicht zu sagen „Nicht-Hühnerfans", als Gartenparadies wahrgenommen wird, braucht es meines Erachtens besonderes Fingerspitzengefühl bei der Bepflanzung. Der bewusste Einsatz von „hühnerresistenten" und zugleich ungiftigen Gehölzen, Kletterpflanzen und Stauden sorgt dafür, dass die Bereiche, in denen sich die Hühner häufig aufhalten, nicht zu Erdwüsten im „Ghetto-Style" verkommen, während in den „hühnerfreien Zonen" neben den üblichen Blumen und Ziersträuchern auch Heilkräuter und Gemüsepflanzen für das liebe Federvieh gedeihen können. Eine geschickte Bepflanzung kann in manchen Fällen sogar dafür sorgen, dass dem Betrachter auf den ersten Blick gar nicht auffällt, dass in einem Garten Hühner gehalten werden. Harmonisch fügen sich begrünte Ställe und Gehege in das Gesamtbild des Gartens ein und runden damit das Bild vom „Paradies auf Erden" ab.

Sonnenhüte und Ziergräser wurden hier in verschiedenen ungiftigen Sorten angepflanzt, sodass im Spätsommer ein harmonischer Anblick entsteht.

Kletterpflanzen, wie die Glockenrebe, sind gut dafür geeignet, Hühnerställe, Hecken und Zäune mit ihren Blüten zu verschönern.

Ich bin von Beruf Landschaftsgärtner und kann daher aus Erfahrung sagen, dass es viele Pflanzen gibt, die man aus mehr oder weniger guten Gründen für einen Garten, in dem auch Hühner mitgärtnern dürfen, empfehlen könnte. Anstelle von 100 steckbriefartigen Pflanzenporträts möchte ich Ihnen, werte LeserInnen, in diesem Buch ganz bewusst 30 meiner Lieblingspflanzen etwas ausführlicher vorstellen. Meine Wahl beinhaltet typische Hühnerheilpflanzen, wie den Oregano, den Salbei und die Kamille, Futterpflanzen, die sich gut selbst anbauen lassen, wie die Karotte, den Grünkohl und die Luzerne, robuste Gehölze und Stauden, die direkt im Hühnergehege überleben können, wie Topinambur, Holunder und Weiden, sowie ungiftige Kletterpflanzen, die jeden Hühnerzaun verschönern, zum Beispiel Hopfen, Glockenrebe und Weinrebe. Tauchen Sie gemeinsam mit mir ein in die bunte Welt der „Pflanzenschätze für den Hühnergarten" und lassen Sie sich inspirieren von der genialen Vielfalt des Pflanzenreichs, die dafür sorgt, dass das Gärtnern ein Hobby ist, das nie langweilig wird.

Für Seidenhuhn-Gehege stellt Bambus eine stilechte Bepflanzung dar, denn wie der Bambus stammen sie ursprünglich aus Asien.

Als besonders gartentauglich erweisen sich immer wieder die Bambussorten der Gattung *Fargesia*.

Diese japanischen Yokohama-Hühner haben sich für ihre Ruhepause in ein Bambusdickicht zurückgezogen.

Bambus – ein Pflanzenschatz aus der Urheimat aller Hühner

Als ausgesprochener „Naturgartenfreak" bin ich zwar kein großer Fan von asiatischen Gärten, diese sind mir in der Regel viel zu stilisiert und „berechnend", aber es gibt doch immer wieder typisch asiatische Pflanzen, um die ich nicht herumkomme. Eine solche Pflanze ist etwa der Bambus, denn Bambus und Hühner, das passt einfach zusammen. Als wilde Vorfahren unserer Haushühner gelten verschiedene Unterarten des Roten Kammhuhns *(Gallus gallus)*, wie beispielsweise das Bankivahuhn. Alle diese Urhühner stammen aus Zentral- und Südasien und bewohnen dort bis heute unterschiedliche Lebensräume, die aber immer eines gemeinsam haben: Sie sind deckungsreich! Bambuswälder bieten besonders viel Deckung. Die Wildhühner sind daher auch in Bambuswäldern regelmäßig anzutreffen. Daraus lässt sich schlussfolgern, dass Bambus auch für die Bepflanzung von Volieren und Gehegen von Haushühnern eine gute Wahl wäre, und genau so ist es auch! Bambus zählt botanisch zu den Gräsern, hat aber, anders als die meisten Gräser, die Eigenheit, dass seine „Halme" verholzen und im Winter nicht absterben. Das macht den Bambus während des gesamten Gartenjahrs über ausgesprochen robust und unempfindlich. Das Wurzelwerk des Bambus ist relativ „unkaputtbar", weshalb auch das Scharrverhalten des Federviehs für sie kein Problem darstellen dürfte. Nur eines sollte man bei der Pflanzung von Bambus stets beachten, ganz gleich ob innerhalb oder außerhalb des Hühnerbereichs: Bambus ist nicht gleich Bambus! Es gibt absolut zahme, gartentaugliche Sorten, die zwar dichte Horste bilden, aber dennoch brav dort bleiben, wo man sie eingepflanzt hat, und dann gibt es wiederum Sorten, die mit den Jahren zu geradezu maßlosem Wucherwachstum neigen. Durch unterirdische Ausläufer können sich ihre Sprosse selbst viele Meter vom Hühnergehege entfernt plötzlich und unerwartet aus der Erde schieben. Die Ausläufer wachsen unter Gartenzäunen, Hecken und Kieswegen hindurch und durchbohren Teichfolien und Isolierungen. Als Beispiel für eine zahme, gartenwürdige Bambusgattung möchte ich Ihnen hier gern Schirmbambus *(Fargesia)* empfehlen, während ich vor den besonders wuchernden Sorten der Flachrohrbambusgattung *Phyllostachys* warnen will. Vertreter beider Gattungen sind regelmäßig im Sortiment der Gartencenter und Baumschulen zu finden, also aufgepasst beim Kauf!

Brennnesseln kann man bündelweise für die Verfütterung im Winter trocknen.

Die Brennnessel dient in der Hühnerhaltung als Futter- und Heilpflanze zugleich.

Diese Futtermischung für Küken besteht zu einem erheblichen Anteil aus gehackten Brennnesseln.

Brennnessel – ein Glanzstück der Hühnerfütterung

Wer meine YouTube®-Serie „Happy Huhn" kennt, weiß sicherlich bereits, dass ich die Brennnessel *(Urtica dioica)* für eine der wertvollsten Futterpflanzen für die Hühnerhaltung überhaupt halte. Mehr als einmal kann man mich in den Videos sagen hören: „Den Wert der Brennnessel kann man gar nicht hoch genug einschätzen." Besonders das Brennnessellaub liefert uns Zusatzfutter erster Güte, und das häufig zum Nulltarif, weil Brennnesseln in der Natur oft massenhaft von selbst an sogenannten „Unkrautfluren" anzutreffen sind und daher in nahezu beliebigen Mengen gesammelt werden können.
Die Inhaltsstoffe der Brennnessel tragen nicht nur allgemein zu einer ausgewogenen Ernährung und erhöhten Widerstandsfähigkeit des Geflügels bei, sie unterstützen dank ihres hohen Eiweißanteils zum Beispiel auch die Gefiederbildung und sind somit für heranwachsende Jungtiere und mausernde Alttiere besonders hilfreich. Am vorteilhaftesten sind die Inhaltsstoffe des Brennnesselgrüns in den Frühjahrsmonaten, just zu der Zeit, wenn die meisten Züchter auch Nachwuchs bei ihren Hühnern zu versorgen haben. Für die Fütterung von Küken hat sich eine Mischung aus gehackten Brennnesseln, geriebenen Karotten, gekochten Eiern und Haferflocken zu jeweils gleichen Teilen bewährt. Fügt man dieser Mischung dann noch pro Kilogramm einen Teelöffel Bierhefe bei, hat man das perfekte selbst gemachte Aufzuchtfutter. Auch den ausgewachsenen Tieren kann man gehackte Brennnesseln regelmäßig reichen und sie für diesen Zweck mit anderen Futtersorten mischen. Clevere Hühnerhalter trocknen sich Brennnesselbüschel außerdem als Vorrat für die Wintermonate. Man kann die schonend getrockneten Blätter zum Beispiel mit einem Mörser zu Brennnesselpulver verarbeiten, das sich dann in Dosen und Marmeladengläsern prima aufbewahren lässt und auch im Winter wie ein natürliches Nahrungsergänzungsmittel ins Futter gemischt werden kann. Probieren Sie Topfen/Quark mit Brennnesselpulver und geriebenen Pastinaken als besonderen Leckerbissen für Ihre Hühner aus.

Häufig sind Brennnesseln, wie hier, das einzige Grün, das in überbesetzten Hühnerausläufen überlebt

In einem Garten, in dem Hühner frei herumlaufen, sind verschiedene Sorten des Chinaschilfs ein guter Tipp für die Bepflanzung.

Chinaschilf – das Ziergras für alle Fälle

Auch Gräser, allen voran die Gattung *Miscanthus* mit den verschiedenen Zuchtformen des Chinaschilfs, haben im Hühnergarten ihre Berechtigung. Viele Chinaschilfsorten, wie 'Adagio', 'Morning Light' oder 'Zebrinus', bilden dichte Horste und entwickeln sich, nicht zuletzt dank ihrer enormen Wuchshöhen, zu stattlichen Stauden, die sowohl als natürliche Unterschlupfmöglichkeiten im Hühnergehege als auch für dessen Strukturierung verwendet werden können. Auch ein unansehnlicher Zaun, ein Kompostplatz oder ein Misthaufen wirken nur noch halb so „hässlich", wenn man eine Reihe verschiedener Chinaschilfsorten davor anpflanzt. Ich persönlich pflanze das Chinaschilf gern in lockeren Gruppen direkt in der Wiese an. Die Freiräume zwischen den Grashorsten sind bei den Hühnern im Sommer beliebte Ruheplätze und die Hennen rühren die Grashalme dabei erstaunlich wenig an.

Im Herbst bildet das Chinaschilf attraktive silbrige Samenstände aus.

Das Chinaschilf ist zwar nicht giftig, wird aber, abgesehen von der Austriebsphase im Frühling, tatsächlich kaum vom Federvieh im Allgemeinen gefressen. Schützen muss man es, sofern es sich um ein gut eingewachsenes Exemplar handelt, daher nur von März bis etwa Mitte Mai mit etwas Hasendraht. Danach sind die meisten Sorten kräftig genug, um der Hühnerschar standzuhalten. Ich persönlich stelle meinen Hühnern den Bereich meiner Wiese, in dem auch die verschiedenen Chinaschilfsorten angepflanzt sind, immer erst ab Juni mithilfe eines mobilen Hühnerzauns zur Verfügung. Die zu dem Zeitpunkt schon recht üppigen Gräser sind dann immer das Zentrum des täglichen Hühnersoziallebens und sehen dabei auch noch bis zum Ende der Saison gut aus, weil sie erst im September und Oktober ihre attraktiven lockeren Blüten- und Samenstände ausbilden. Im Herbst sollte man das Chinaschilf übrigens nicht zurückschneiden, sondern vielmehr zusammenbinden. Es trocknet dann samt der Samenstände oberirdisch ein und bleibt den ganzen Winter hindurch hübsch. Erst im Frühling, kurz bevor die neuen Triebe wieder aus dem Wurzelstock austrieben, schneidet man die alten Halme eine Handbreit über dem Boden ab. Die Sortenvielfalt erlaubt, eine abwechslungsreiche Ecke im Hühnergarten alleine mit Gräsern zu gestalten.

Glockenrebe – nur einen Sommer lang …

Wie wertvoll Kletterpflanzen für die Verschönerung von Hühnergehegen sein können, durfte ich über die Jahre hinweg immer wieder aufs Neue erfahren. Vielfach wird bei der Sortenwahl automatisch auf mehrjährige Kletterpflanzen zurückgegriffen; dabei können in der Hühnerhaltung unter Umständen auch gerade einjährige Klettermaxe, wie die majestätische Glockenrebe (*Cobaea scandens*), sehr hilfreich sein. Diese Pflanzen sind überall dort eine hervorragende Wahl, wo Zäune und Schutznetze, die nur bis zum Winter aufgebaut bleiben, begrünt werden sollen. Die Ranken können im Spätherbst, beim Abbau temporärer Gehegebereiche, einfach mit entfernt werden.

Ich persönlich überspanne einen Teil meines Hühnergeheges immer den Sommer über mit einem stabilen Netz zum Schutz vor Greifvögeln. Den schneereichen Tiroler Wintern hält dieses Netz natürlich nicht stand, es würde spätestens beim ersten ergiebigen Schneefall im Dezember einreißen, weshalb es im November wieder wegmuss. Weil ich gerade dieses Netz aber optisch nicht sehr schön finde, begrüne ich es jeden Sommer über aufs Neue, wieder gern mit der hübschen Glockenrebe. Die Glockenrebe schafft es innerhalb weniger Monate, bis zu sechs Meter weit zu ranken, und erfreut dabei von August bis Oktober mit zahlreichen großen lila Blütenkelchen, die geradezu exotisch auf den Betrachter wirken. Mein Hühnergehege ist dadurch am Ende des Sommers meist so zugewuchert, dass man es unter dem Lianengewirr auf den ersten Blick gar nicht mehr sieht. Den Hühnern kommt dieser schattenspendende Glockenrebendschungel sehr zugute, was mit ihrem natürlichen Verhalten zusammenhängt. Wildhühner sind in der Natur Vögel des Unterholzes, die sich nur unter einem dichten Blätterdach wirklich wohlfühlen. Offene Waldzonen meiden sie gezielt.

Glockenreben sind für Hühner nicht giftig und lassen sich ab Februar prima auf der Fensterbank im Wohnzimmer aus Samen vorziehen. Ebenfalls kletternd, ungiftig, einjährig und reichblühend ist die Schwarzäugige Susanne (*Thunbergia alata*). Sie blüht meist gelb oder orange und ich kombiniere sie neuerdings auch sehr gern mit der Glockenrebe, weil die beiden gemeinsam ein absolutes Traumpaar ergeben, obgleich auch nur für einen Sommer lang …

Für die schnelle Begrünung von Hühnerställen, Zäunen und Hecken ist die Glockenrebe dank ihrer Wuchskraft bestens geeignet. Mit ihren Ranken kann sich die Glockenrebe auch an Netzen festhalten, die häufig zum Schutz über Hühnergehege gespannt werden.

Mit der gelb blühenden Schwarzäugigen Susanne kombiniert, ergibt die Glockenrebe für einen Sommer ein hübsches Duo.

Die meisten Hühner fressen den Grünkohl erst nach den ersten Frösten, weil er durch die Kälte seinen Geschmack verändert.

Nahe mit dem Grünkohl verwandt ist der Palmkohl, der sich zu imposanten Pflanzen entwickelt.

Grünkohl sieht auch in seiner purpurnen Variante sehr attraktiv aus.

Grünkohl – frisches Gemüse „geht" auch im Winter

Viel zu leicht kann man sich heute auch während der kalten Jahreszeit nahezu jedes beliebige Gemüse aus dem Supermarkt holen, als dass man hierfür überhaupt noch auf die Idee kommen würde, in unseren Breitengraden selbst gezielt Wintergemüse heranzuziehen.

So weiß heute kaum noch jemand etwas über Wintergemüse, und das Wissen um die Existenz einer der interessantesten Kohlsorten ist leider großteils verloren gegangen. Die Rede ist vom Grünkohl (*Brassica oleracea* var. *sabellica*), der allenfalls einigen Lesern aus Norddeutschland noch ein vertrauter Anblick sein dürfte. Während die üblichen Zuchtformen des Kohls, wie Weißkraut/Weißkohl und Rotkraut/Blaukohl, kompakte, geschlossene Köpfe ausbilden, wachsen die Blätter beim Grünkohl einzeln abstehend und sind derart regelmäßig um einen langen Strunk herum angeordnet, dass die Pflanze mit dieser Wuchsform fast ein wenig an eine Palme erinnert. Der Vorteil dieses ungewöhnlichen Wuchses ist, dass man diesen Kohl Blatt für Blatt, quasi ganz nach Bedarf, ernten kann. Weil die Grünkohlpflanzen auch starke Minusgrade gut wegstecken, lässt man sie den ganzen Winter über im Gemüsegarten stehen, um für die Hühnerschar täglich ein paar Blätter zur gezielten Fütterung „abzuzwacken". Die Hühner fressen viele ältere Grünkohlsorten sogar häufig erst dann, wenn sie einmal ordentlich Frost abbekommen haben. Das liegt an den Bitterstoffen, von denen die alten Sorten deutlich mehr in sich tragen. Diese Bitterstoffe werden erst nach den ersten Frösten allmählich abgebaut und der Grünkohl wird so schmackhafter für das Geflügel.

Zu Winterbeginn sollte man die Hühner erst schonend an die Kohlkost gewöhnen, denn wie beim Menschen kann Kohl auch bei Hühnern akute Blähungen verursachen.

Eine meiner eigenen Hennen verträgt sogar überhaupt keine Kohlgewächse und bekommt jedes Mal, wenn sie versehentlich Kohlblätter erwischt, zuverlässig eine Legenot, weil der aufgeblähte Verdauungstrakt auf den Legedarm drückt. Abgesehen von solchen Einzelfällen möchte ich den Grünkohl aber auf jeden Fall wärmstens für die Hühnerfütterung empfehlen! Während Grünkohl immer gekräuselte Blattränder aufweist, gibt es auch ähnliche Kohlformen mit ungekräuselten Blatträndern, wie beispielsweise den runzeligen Palmkohl (*Brassica oleracea* var. *palmifolia*), der ebenfalls für die Winterfütterung taugt (siehe Foto).

Als Hagebutten bezeichnet man die Früchte verschiedener Wildrosen, wie hier etwa von der Hundsrose.

Die Hechtrose sieht dank ihres bläulich-grauen Blattwerks sehr hübsch aus.

Unter der stark überhängend wachsenden Virginia-Rose fühlen sich die Hühner sehr wohl, denn sie suchen instinktiv Deckung.

Auf Wildrosen mit extremer Bestachelung, wie hier im Fall der Stacheldrahtrose, würde ich im Hühnerauslauf vorsichtshalber verzichten.

Hagebutte – eine Vitaminbombe erster Güte

Die Hagebutte ist eine Vitaminbombe erster Güte, das ist dank des „berühmten" Hagebuttentees, der gern während der Erkältungssaison getrunken wird, hinlänglich bekannt, doch was genau ist eigentlich eine Hagebutte? Wenn man von Hagebutten spricht, spricht man auch von Rosen, denn Hagebutten sind nichts anderes als die Früchte der Rosen. Nicht nur Wildrosen bilden Hagebutten, auch zahlreiche moderne Zuchtformen der Gartenrose würden durchaus noch Hagebutten bilden, wenn man ihre Blüten nach dem Verblühen nicht ausschneiden würde. Auch wenn Rosen oft als Blumen bezeichnet werden, so sind sie botanisch gesehen doch eigentlich Sträucher bzw. Gehölze und als solche robuster, als man oft annehmen würde. In einem Garten, in dem auch Hühner rumlaufen, dürfen Rosen ruhig in Hülle und Fülle angepflanzt werden, von den kleinen zierlichen Bodendeckerrosen über die Beetrosen und Strauchrosen bis hin zu den Kletterrosen, denn sie alle sind für die Hühner nicht giftig. Im Sinne der Naturgartenphilosophie sind und bleiben es aber in erster Linie die Wildrosen, denen man das größte Augenmerk schenken sollte. Wildrosen sind im Kreislauf unserer heimischen Natur fest verankert, sei es, weil ihre Blüten zahlreiche Bestäuber anlocken, ihre Blätter vielen Tieren als Nahrung dienen oder eben auch wegen der nahrhaften Hagebutten, die sie im Herbst ausbilden. Einige besonders wüchsige Wildrosenarten können an den von den Hühnern sehr hochfrequentierten Plätzen im Garten überleben, wenn sie gut eingewurzelt sind. Eine solche Art wäre zum Beispiel die Virginische Rose (*Rosa virginiana*). Sie bildet einen etwa mannshohen Strauch mit weit überhängenden Zweigen, die den Hühnern viel Schutz bieten. Weil sie außerdem auch zahlreiche Ausläufer bildet, gleicht sie Fraßschäden seitens der Hühner locker wieder aus. Ähnlich robust sind auch die Apfelrose (*Rosa rugosa*), die Bibernellrose (*Rosa spinosissima*) und die Hechtrose (*Rosa glauca*).

Nun noch einmal zurück zu den Hagebutten: Hagebutten können an die Hühner sowohl frisch verfüttert als auch relativ einfach als Vitamin-Extra für die Wintermonate getrocknet werden. Für erkältete Hühner kann man außerdem auch einen Hagebuttentee aufkochen, der nach dem Abkühlen zusätzlich zum reinen Trinkwasser angeboten wird. Manche Hennen trinken diesen kalten Tee sogar besonders gern und zuverlässig.

Von der Hasel gibt es einige schöne Gartenformen, wie hier die Sorte 'Heterophylla' mit stark geschlitzten Blättern.

Ein Tipi aus Haselzweigen ist schnell gebaut und dient Hühnern als Unterschlupf im Freigelände.

Haselnuss – was die alles kann!

Kaum etwas übt auf eine gewiefte Hühnerschar im Freigelände eine stärkere Anziehungskraft aus als ein dichtes, gut eingewachsenes Haselgebüsch. Der Haselstrauch (*Corylus avellana*) entwickelt sich über die Jahre hinweg zu einem regelrechten Großstrauch mit weit ausladendem Wuchs. Im Sommer bietet er den Hühnern großzügige Ruheplätze im Schatten, im Herbst verleitet das trockene Falllaub die Hühner zu ausgiebigen „Scharreinlagen". Im Hasellaubstreu können sie stundenlang nach Fressbarem suchen, und man wundert sich als Betrachter manchmal fast schon, dass sie immer wieder erneut einen Leckerbissen finden.

Wenn man das überhaupt in Bezug auf eine Pflanze so sagen kann, dann würde ich hier gern feststellen, dass der Haselstrauch ein äußerst lebensbejahendes Gewächs ist. Er selbst ist frohwüchsig, nahezu „unkaputtbar" und bietet zugleich Mensch und Tier so viel Brauchbares, von den schmackhaften Haselnüssen bis hin zu den schönen, in den ersten Lebensjahren sehr gerade wachsenden Ästen, die sich in der Hühnerhaltung beispielsweise für den Zaunbau und als Sitzstangen nutzen lassen. Gern erinnere ich mich auch an einen „Tag der offenen Gartentür mit Hühnerausstellung" zurück. In mehreren Gehegen habe ich damals gemeinsam mit einer Freundin gartentaugliche Hühnerrassen in einem Landhausgarten gezeigt. Damit die Hühner immer ausreichende Rückzugsmöglichkeiten und Schatten vorfanden, haben wir mithilfe von abgeschnittenen Haselzweigen „Schattenzelte" und „Durchschlüpftunnels" angelegt. Das war mit wenigen Handgriffen relativ schnell getan und die Hühner nahmen unsere Haselbauwerke dankend an. Generell kann man solche eher kurzlebigen Bauwerke aus Haselzweigen und Ästen immer dann anlegen, wenn es darum geht, Hühnerausläufen vorübergehend mehr „Struktur" zu verleihen. Das kann zum Beispiel während der Integrationsphase hilfreich sein, weil man neuen Gruppenmitgliedern mehr Rückzugsmöglichkeiten und Sichtblenden bieten möchte. Oder auch wenn eine Glucke mit Küken in der Gruppe mitläuft. Sie sehen, wenn man Hühnerhalter ist, kann man nie zu viel „Haselgestrüpp" im Garten haben!

Hauswurz – die *Aloe vera* vom Stalldach

Die Blätter der Hauswurz speichern Wasser und können ähnlich wie *Aloe vera* für Heilzwecke verwendet werden.

Das Dach meines ältesten Hühnerstalls ist mit großen schweren Dachziegeln abgedeckt und zwischen diesen Dachziegeln gedeihen, ohne nennenswert viel Substrat, verschiedene Sorten der Hauswurz, botanisch *Sempervivum*, geradezu vorzüglich. Die Verwendung der Hauswurz zur „Dachbegrünung" hat außerdem schon seit vielen Jahrhunderten in Mitteleuropa Tradition und auch ihre anderen deutschen Namen wie Dachwurz erinnern daran.

Zur Verschönerung pflanzte die abergläubische Bevölkerung vergangener Tage dieses eigentümliche Gewächs allerdings nicht an, vielmehr sollte die Hauswurz auf dem Hausdach vor Blitzeinschlag schützen. Nach alter Sage schlägt der Blitz lieber in Dächer ohne Hauswurz ein. Neueren Untersuchungen zufolge ziehen große Hauswurzbestände auf Dächern den Blitzschlag jedoch sogar eher an, weil die dickfleischigen Hauswurzblätter zum Großteil aus Wasser bestehen und die Hauswurzbestände außerdem dafür sorgen, dass auch das Regenwasser während eines Gewitterregens schlechter abrinnen kann.

Wie dem auch sei, für uns Hühnerhalter birgt die Tatsache, dass Hauswurzen zu den stark wasserspeichernden Pflanzen zählen, jedoch einen klaren Vorteil: Die fleischigen Blätter beinhalten nämlich nicht nur Wasser, sondern haben auch noch zahlreiche weitere Inhaltsstoffe, die durchaus vergleichbar mit jenen der berühmten Aloe vera sind. Hauswurzen können auch tatsächlich wie *Aloe vera* benutzt werden.

In der Hühnerhaltung kann man das geleeartige Innere der Hauswurzblätter verwenden, um Schürfwunden, kleinere Verletzungen, Verkrustungen, Verbrennungen und Frostschäden an den nackten Hautpartien wie Kamm, Kehllappen und Ohrscheiben zu behandeln. Medizin, die auf dem Dach des Hühnerstalls jederzeit griffbereit wächst und dabei in höchstem Maß unkompliziert in der Pflege ist – wie genial ist das denn?

Man kennt von der Hauswurz verschiedene Arten und Zuchtformen. Als *Aloe vera*-Ersatz eignen sich die besonders großblättrigen Sorten der Dach-Hauswurz (*Sempervivum tectorum*) am besten. Weniger ideal sind zum Beispiel die Sorten rund um *Sempervivum arachnoideum*, der sogenannten Spinnweben-Hauswurz, obgleich diese aus gärtnerischer Sicht sehr dekorativ sind.

Viele Hauswurzsorten sehen mit ihrer subtilen Farbgebung ausgesprochen schön im Garten aus können es wegstecken, wenn hin und wieder Hühner achtlos über sie „hinwegtrampeln".

Holunder – der solide Alleskönner

Der Holunder ist ein echter Klassiker für die Bepflanzung von Geflügelausläufen. Hier reifen seine Beeren trotz der dauerhaften Präsenz von großen Puten gut heran. Der buntlaubige Holunder 'Variegata' ist etwas schwächer wachsend als die grünlaubige Wildform und daher für kleine Gärten sehr zu empfehlen. Auch rotlaubige Sorten mit rosa Blüten gibt es vom Holunder, wie hier 'Black Beauty'.

Der Schwarze Holunder (*Sambucus nigra*), ist für mich seit Kindertagen untrennbar mit der Hühnerhaltung verknüpft. Meine Großeltern hielten früher über viele Jahre hinweg stets so um die 80 Hühner, die in einem alten, ausrangierten Kuhstall lebten. Diese große Hühnerschar durfte sich in der Regel frei auf dem Hofgelände bewegen und dementsprechend hatte Grünzeug im Umkreis des Stalls nur äußerst geringe Überlebenschancen. Bis auf sechs große Holunderbüsche, die entlang der Stallwand aufgereiht wuchsen, konnte sich nichts Nennenswertes dauerhaft halten. Diese Holunderbüsche jedoch gediehen geradezu fabelhaft und erfreuten mit reicher Blüte im Frühsommer und gutem Fruchtansatz im Herbst. Die extreme Bodenverdichtung sowie die stark stickstofflastige Überdüngung des Bodens durch die ständige Präsenz des Federviehs konnten ihnen scheinbar nichts anhaben. Inzwischen weiß ich längst, dass dies kein Zufall war, und habe im Lauf meiner Filmreisen unzählige Hühnerausläufe gesehen, in denen kaum etwas anderes überlebte als Holunder. Der Holunder ist in Sachen „Hühnerauslauf-Begrünung" also scheinbar so etwas wie der „letzte Strohhalm", an den man sich klammern kann, wenn alle anderen Anpflanzversuche scheitern. Seit alters her auch als Nutzpflanze bekannt, eignen sich die Holunderblüten für die Herstellung von Bowle und Sirup, während aus den Vitamin-C-reichen Beeren Säfte und Marmeladen gewonnen werden können. Im Gegensatz zum Menschen, der Holunderbeeren nur verarbeitet bzw. gekocht zu sich nehmen sollte, vertragen Hühner, ebenso wie viele andere Vögel, rohe Holunderbeeren gut und dürfen sich daher durchaus regelmäßig am Holunderbusch selbst bedienen. Wem die gewöhnliche grünlaubige Wildform des Holunders zu wenig vornehm für den eigenen Garten vorkommt, dem möchte ich drei außergewöhnliche Kulturformen des Schwarzen Holunders ganz besonders ans Herz legen. Es sind dies *Sambucus nigra* 'Haschberg', eine spezielle Sorte, die einen immens hohen Fruchtertrag hervorbringt, *Sambucus nigra* 'Variegata', eine Form, die mit attraktiven, weiß gesäumten Blättern erfreut, und die Ausnahmezüchtung 'Black Beauty', die nicht nur rosa blüht, sondern auch noch mit dunkelbronzerotem Blattwerk erfreut. Darüber hinaus gäbe es noch eine Handvoll weiterer Auslesen, die allesamt dazu einladen, dem Holunder auch im gepflegten Garten mal eine Chance zu geben.

Der Hopfen ist sehr wüchsig und kann jeden Tag über zehn Zentimeter wachsen. Mit seinen zapfenartigen Blütenständen verschönert er auf angenehme Art und Weise Hühnerzäune.

Hopfen – ein Kletterkünstler mit Potenzial

Wann immer es darum geht, hohe Zäune oder mit Netzen überspannte Gehege zu begrünen, ist der Hopfen (*Humulus lupus*) mit seinem ahornähnlichen Blattwerk und seinen schuppenartigen Blütenständen eine verlässliche Wahl. Einmal eingewachsen neigt er zu fürchterlichem Wucherwachstum und kann dabei sieben Meter in einer Saison erklimmen. In der Hauptwachstumsphase April und Mai können seine Triebspitzen sich dabei täglich um zehn bis zwölf Zentimeter verlängern. Eine erstaunliche Leistung, und damit der Hopfen sie erbringen kann, braucht er nährstoffreiche Erde und genügend Wasser. In Töpfen gepflanzt bleibt er deutlich kleiner und „zahmer", weil seine Wurzeln nicht genug Raum haben.

Jedes Jahr im Herbst sterben die oberirdischen Pflanzenteile des Hopfens ab und er zieht sich wieder in seinen unterirdischen Wurzelstock zurück. Schon Ende März sprießen seine Ranken dann wieder aus dem Erdreich und sind bereit dafür, sich am erstbesten Halt festzuklammern und erneut in luftige Höhen zu klettern. Das macht den Hopfen praktisch für die Begrünung von Zäunen und Netzen, die während der Wintermonate abgebaut werden sollen. Er bleibt über viele Jahre hinweg im Garten erhalten, kann aber dennoch jeden Herbst radikal bis auf den Boden hinab zurückgeschnitten werden, wenn die Hühnergehege abgebaut werden. Damit steht der Hopfen mit seinen Wuchseigenschaften exakt zwischen Glockenrebe und Weinrebe, den anderen beiden Kletterpflanzen, die ich Ihnen in den Pflanzenporträts empfehlen möchte. Ein Vorteil aller Kletterpflanzen ist übrigens, dass man sie von außen in das Hühnergehege hineinwuchern lassen kann. Der Wurzelstock und die empfindlichen Austriebe sind somit nicht in Reichweite der Hühner, und es besteht von daher kaum Gefahr, dass solche Gewächse vom Federvieh allzu sehr beschädigt werden. Sie gehören damit zu den absolut nützlichsten, aber immer noch viel zu wenig verwendeten Pflanzengruppen für die Verschönerung von Gartenlebensräumen fürs Federvieh.

Der Hopfen zählt zu den Kletterpflanzen, die in der Regel nicht von den Hühnern angefressen werden. Hier ist eine Orpington-Henne zu sehen.

Die scharlachroten Röhrenblüten der Indianernessel sind eine Zier für jeden Nutzgarten. Es gibt mehrere Wildformen von der Indianernessel, zum Beispiel *Monarda fistulosa*, die hier im Vordergrund mit ihren zartvioletten Blüten erfreut.

Küken zupfen gern an getrockneten Indianernesselblüten, weshalb man sie extra für sie sammeln sollte. Hier ist ein Vorwerk-Küken mit der Sorte 'Croftway Pink' zu sehen.

'Purple Rooster' – dunkelviolette Sorte – passt damit schon des Namens wegen in den Hühnergarten!

Indianernessel – der Alleskönner aus Nordamerika

Die verschiedenen Stämme der amerikanischen Ureinwohner nutzten einst eine unüberschaubar große Vielzahl an Heilpflanzen für die unterschiedlichsten Zwecke. Viel zu viel von ihrem medizinischen Pflanzenwissen ist verloren gegangen aufgrund hinlänglich bekannter historischer Ereignisse. Das ist außerordentlich bedauernswert, denn gewiss fänden sich in der amerikanischen Flora nach wie vor unzählige bemerkenswerte Heilpflanzen, die heute eben nur nicht mehr als solche wahrgenommen werden. Das Wissen um sie ist mit dem Verschwinden der traditionell lebenden Native Americans verloren gegangen. Zu den wenigen Ausnahmen, die von der westlichen Medizin rechtzeitig übernommen wurden, zählen Gewächse wie der Rote Sonnenhut, das Vanillegras und die Indianernessel. Letztere wird hierzulande auch als Goldmelisse bezeichnet und gilt manchen Heilkundigen als die „Königin aller Melissen". Besonders als Teepflanze hat *Monarda didyma*, so ihr wissenschaftlicher Name, einen guten Ruf und der „Goldmelissentee" wird sowohl bei Atemwegserkrankungen und Verdauungsproblemen als auch bei Stress empfohlen.

In der Hühnerhaltung kann man ihn den Hühnern ähnlich wie kalten Kamillen- oder Salbeitee reichen, wenn die Tiere beispielsweise verschnupft sind oder ein krasser Wetterumschwung ansteht. Man sammelt für den Tee in der Regel die Blätter, obwohl die Native Americans nachweislich auch die getrocknete Wurzel verwendeten. Die roten oder bei manchen Sorten auch rosaroten, violetten, weißen oder purpurnen Blüten der Indianernessel behalten beim Trocknen ihre Farbe sehr gut und sehen darum toll in jeder Kräutermischung aus. Sie schmecken süßlich, weil sie in der amerikanischen Natur von Kolibris bestäubt werden und daher viel Nektar beinhalten.

Mir ist aufgefallen, dass kleine Küken außerordentlich gern an getrockneten Indianernesselblüten zupfen und diese auch fressen. Ob sie dies nun tun, weil sie die Blütenröhren mit Würmern verwechseln oder weil sie instinktiv wissen, dass sie es hier mit etwas Gutem zu tun haben, auch die Blüten der Indianernessel tragen die Heilkraft des Laubs und der Wurzel in abgeschwächter Form in sich und sind somit eine schöne und sinnvolle Kükenbeschäftigung für zwischendurch.

Das echte Johanniskraut gedeiht gut in verwilderten Gartenecken und sät sich bereitwillig selbst aus.

Auch in der Hühnerhaltung ist das Johanniskraut eine wertvolle Heilpflanze, wie diese Orpington-Henne zu wissen scheint.

Die gelben Blüten und Knospen des Johanniskrauts lassen sich für das berühmte Johanniskrautöl sammeln.

Johanniskraut – zurecht sehr geschätzt

Johanniskrautöl, hergestellt aus den Blüten und Knospen des Echten Johanniskrauts, botanisch *Hypericum perforatum*, ist eines der wichtigsten Heilmittel in der traditionellen Volksheilkunde. Es wird unter anderem gern als natürliches Beruhigungsmittel verwendet und kann als solches auch für die Hühnerhaltung nützlich sein. In Stresssituationen, beispielsweise wenn neue Tiere in die Gruppe integriert werden müssen, ein Stallwechsel ansteht, Tiere auf Ausstellungen gezeigt werden oder auch nach einer Greifvogelattacke, hilft es nervösen Hühnern, sich zu entspannen. Ein paar Tropfen des Öls unters Futter gemischt genügen, denn übertreiben sollte man es mit dem Johanniskrautöl nicht.

Johanniskrautöl anzusetzen ist kinderleicht. Man erntet das obere Drittel der blühenden Pflanze und füllt damit ein leeres Marmeladenglas bis nahezu unter den Rand. Darüber gießt man dann ein hochwertiges Pflanzenöl, zum Beispiel Distelöl oder Olivenöl, und füllt das Glas damit bis nahezu unter den Rand. Nun muss noch der Schraubdeckel drauf, und jetzt braucht es Geduld. An einem warmen, jedoch nur mäßig von der Sonne beschienenen Plätzchen dürfen die Inhaltsstoffe der Johanniskrautblüten nun sacht in das Öl übergehen, das nach ca. fünf Wochen, in denen man das Glas regelmäßig geschüttelt hat, abgeseiht werden darf.

Das fertige Johanniskrautöl kann nun verwendet werden.

Als Pflanze verwende ich das Johanniskraut in der Hühnerhaltung ansonsten nur noch zur Zierde. Anders als das Echte Johanniskraut, das nur an der Basis verholzt, sind viele andere Arten der Gattung *Hypericum* richtige Gehölze und entwickeln sich mit den Jahren zu dichten und strapazierfähigen Kleinsträuchern, die von den Hühnern kaum angefressen werden. Einige Arten, wie das Blut-Johanniskraut (*Hypericum androsaemum*), sind dabei eher schwachwüchsig und werden nur kniehoch, während andere, wie die beliebte Gartensorte Hidecote, schon mal über einen Meter Höhe erreichen können und dabei auch ziemlich in die Breite gehen. Allen Johanniskräutern gemein ist, dass sie über einen langen Zeitraum ihre leuchtend gelben Blüten mit den charakteristischen fransenartigen Staubblättern in ihrem Zentrum ausbilden und damit hohen Zierwert haben.

Kamille – die Heilpflanze der Küken

Kamillentee ist in der Hühnerhaltung ein klassisches Heil- und Stärkungsmittel für die kleinen Küken. In der ersten Lebenswoche will die Verdauung der Küken oft noch nicht ganz perfekt funktionieren, denn sie muss sich, wie bei anderen Tierbabys auch, erst allmählich auf die feste Nahrung einstellen. Am Folgetag des Schlupfes zehren Küken meistens noch von ihrem Dottersack, den sie vor dem Schlupf resorbiert haben, aber gleich danach beginnen sie mit der gierigen Aufnahme von richtiger „Hühnernahrung", und dann fängt es nicht selten auch schon mit Problemen wie Durchfall an. Kamillentee beruhigt und schont den Verdauungstrakt der Küken und stärkt damit auch schwächliche Küken, die anfangs schlecht fressen. Man reicht nur abgekühlten Kamillentee und bietet den Küken als Alternative auch reines Trinkwasser an, damit diese keinen Durst leiden müssen, sollten sie den Tee aus irgendeinem Grund verschmähen.

Was dem Nachwuchs hilft, kann auch für die Erwachsenen sehr hilfreich sein, und so empfiehlt sich Kamillentee auch bei ausgewachsenen Hühnern, wenn eine Futterumstellung ansteht oder um bei einem leichten Schnupfen, wie er in regenreichen Sommern häufig auftritt, zu helfen.

Die Kamille (*Matricaria chamomilla*) ist ein einjähriger Korbblütler und braucht offenen Boden, um im Frühling zu keimen. In und um den Gemüsegarten, wo regelmäßig gegraben wird, fühlt sie sich daher wohler als in einem speziellen Kräuterbeet. Sie wandert dann gern zwischen Salaten, Kraut, Möhren und Co. herum und sprießt mal hier, mal dort. Niemals ist sie dabei aber so aufdringlich, dass sie andere Pflanzenarten verdrängt, und so kann man sich an ihren kleinen lieblichen Blüten, die an Margeriten erinnern, nicht genug erfreuen! Kamillenblüten lassen sich leicht trocknen und können nicht nur für Tees verwendet werden, sondern auch im Winter in kleineren Mengen unters Futter gemischt werden und sorgen so für eine ausgewogene Ernährung.

Die zierliche Kamille verrät anhand ihres Blütenbaus die Zugehörigkeit zu den Korbblütlern. Sie ist eine gute Teepflanze für erkältete und verschnupfte Hühner. Hier wird das Heilkraut von einer Zwerg-Sulmtaler-Henne inspiziert.

Drei, die gut zusammenpassen: Kamille, Ringelblume und Borretsch gehören zu den Gauklern, die gern halbwild im Nutzgarten „herumwandern".

Die Karotte ist das wichtigste Wurzelgemüse für die tiergerechte Hühnerfütterung. In geriebener Form fressen sie viele Hühner, wie dieses Haubenhuhn, sehr gerne. Die Wilde Möhre ist die Wildform der Karotte und im Naturgarten mit ihren weißen Doldenblüten eine willkommene Insektenweide und im Herbste sehen die Samenstände sehr dekorativ im Garten aus.

Karotte – ein Superfood der Superlative

Die Karotte (*Daucus carota*) ist überaus reich an lebenswichtigen Inhaltsstoffen, von verschiedenen Vitaminen über willkommene Ballaststoffe bis hin zu ihren hohen Mengen an Carotin, Kalium und Eisen hat sie vieles zu bieten. So verwundert es nicht, dass dieses Wurzelgemüse zu den traditionellen Futterpflanzen alter Tage zählt. Schon den jungen Küken reichte man anno dazumal gezielt selbst gemachte Futtermischungen auf Basis von geriebenen Karotten (siehe dazu mehr im Kapitel Brennnessel).

Zu Zeiten, als es noch keine fertigen Futtermischungen aus dem Sack zu kaufen gab, war die Karotte gemeinsam mit anderem Wurzelgemüse aber auch unentbehrlich, um die ausgewachsenen Hühner so zu ernähren, dass es nicht zu Mangelerscheinungen kam. Besonders im Winter, wenn die Hühnerschar ihren Speisezettel nicht im Freigelände selbstständig ergänzen konnte, dürfte die Karottenfütterung für geschwächtes Geflügel durchaus lebensrettend gewesen sein!

Heute ist man gerade dabei, der Karotte ihren alten Stellenwert als Futterpflanze wieder zurückzugeben. Geriebene Karotten lassen sich je nach Verwendungszweck mit den unterschiedlichsten anderen Futtersorten mischen. Mit Haferflocken, gehackten Zwiebeln, Salbei und Oregano vermengt ergeben sie ein hervorragendes Heilfutter gegen sommerlichen Hühnerschnupfen, mit Naturjoghurt vermischt sind sie ein guter Leckerbissen für zwischendurch, der auch misstrauische Hühner neugierig macht, und mit Blaumohnsamen und etwas gekochtem Ei vereint helfen sie bei Durchfallerkrankungen, was sich gerade in der Kükenaufzucht immer wieder als hilfreich erweist.

Unsere Kulturkarotten stammen ursprünglich von der Wilden Möhre, botanisch *Daucus carota* subsp. *carota*, ab. Für den Naturgarten kann auch diese Wildform interessant sein, denn bei ihr handelt es sich um einen reichblühenden, hübschen Doldenblüter, der zu den besten Insektenweiden unserer heimischen Flora zählt.

Wilde Möhren gaukeln, einmal angesiedelt, mit den Jahren selbstständig im ganzen Garten herum und brauchen dann kaum noch Pflege. Was will man mehr?

Aus der Sicht kleiner Hühnerrassen können Kürbispflanzen zu einem regelrechten Dschungel heranwachsen.

An Kürbisstücken können die Hühner stundenlang picken und bewegen sich dadurch auch an kalten Wintertagen ausreichend.

Kürbis – gut und viel

Der Kürbis, botanisch *Cucurbita maxima,* ist ohne Zweifel das wüchsigste Fruchtgemüse von allen. Eine einzelne Pflanze kann innerhalb einer Saison Flächen von zehn Quadratmetern und mehr überwuchern. Alles an dieser Pflanze ist gigantisch, die Blätter, die Blüten und insbesondere die Früchte, bei denen man nie auf die Idee kommen würde, dass sie, botanisch betrachtet, zu den Beerenfrüchten zählen. Doch wirklich, der Kürbis ist eine Beere, genauso wie die Zucchini und die Gurke, die beide mit ihm verwandt sind. Wenn die größte Beere der Welt auf die kleinste Hühnerrasse der Welt trifft, dann ist der eine oder andere Lacher vorprogrammiert. So geschehen bei einem Serama-Züchter in Niederösterreich, den ich für die Serie „Happy Huhn" besuchte. Auf dem Parkplatz seines Hühnergartens standen drei Stellplätze weniger zur Verfügung, weil eine Kürbispflanze auf Expansionskurs selbst die heißen Pflastersteine als Lebensraum nicht scheute.

Man stelle sich nun den denkbar köstlichen Anblick eines knapp 400 Gramm schweren Serama-Hähnchens vor, das sich genau dort, mitten im „Gestrüpp", auf einen Kürbis gesetzt hat, um stolz die Brust zu schwellen und zu krähen (siehe Foto). Für so kleine Miniaturhühner wie die aus Malaysia stammenden Serama ist eine einzige Kürbispflanze wie ein dichter Dschungel voller Versteckmöglichkeiten, und wie wir inzwischen ja wissen, lieben Hühner das „Dschungelfeeling". Doch der Kürbis kann im Hühnergarten weit mehr leisten, als nur für Schatten und Struktur zu sorgen.

Sofern eine Kürbispflanze genug Nährstoffe bekommt – nicht umsonst pflanzt man sie traditionell auf den Misthügel oder den Komposthaufen –, kann sie Unmengen von willkommenem Zusatzfutter produzieren. Die „Beeren" vieler Sorten lassen sich gut einlagern, und so ist auch der Kürbis, ähnlich wie der Grünkohl und die Rote Beete, ein tolles Wintergemüse, das die Hühner täglich fressen dürfen. Ein halber Kürbis samt Samengehäuse in das Gehege geworfen, sorgt an kalten Tagen dafür, dass sich die Hühner ausreichend bewegen. Nicht selten sind sie nämlich stundenlang damit beschäftigt, an ihm herumzupicken, und bringen somit ihren Kreislauf ordentlich in Schwung. Der Kürbis hat also für alle etwas zu bieten, ob Mensch, ob Tier, ob groß ob klein!

Lavendel – Bienenweide und Aromatherapie zugleich

Jedes Jahr aufs Neue zählt der Lavendel im Sommer zu den absoluten Topsellern in den Gartencentern und Gärtnereien. Lavendel ist ganz klar ein Liebling vieler Gartenbesitzer.

Auch für den naturnahen Hühnergarten ist er eine Bereicherung. An sonnigen, trockenen Standorten entwickeln sich die Sorten der frostharten Art *Lavandula angustifolia* zu holzigen und strapazierfähigen Halbsträuchern, die, einmal eingewachsen, so schnell nichts aus der Bahn wirft. Wer Sorge hat, dass die Hühner die Wurzeln des Lavendels freischarren könnten, kann rund um den Lavendel getrost ein paar größere Natursteine auslegen. Diese schützen nicht nur den Wurzelbereich des Lavendels, sondern sorgen zugleich auch dafür, dass dieser sich „wie zu Hause fühlt".

Auch in der Natur wächst wilder Lavendel in Südeuropa nämlich gern zwischen Felsen und liebt die Wärme, die das Gestein am Abend nach Sonnenuntergang noch abgibt. Je wärmer und sonniger es der Lavendel hat, umso intensivere Aromen entwickelt er in seinen oberirdischen Pflanzenteilen und umso brauchbarer sind seine getrockneten Zweige für die vorbeugende Abschreckung von Ungeziefer. Tatsächlich kann der Lavendel nicht nur Motten aus dem Kleiderschrank fernhalten, sondern auch Federlinge, Flöhe und Co. aus dem Hühnerstall. Man kann ganze Lavendelbüschel binden und diese im Stall für die Hühner unerreichbar aufhängen oder aber auch den Lavendel als Teil einer Kräuterheumischung für die Legenester der Hennen verwenden. Es macht nichts, wenn die Hennen während der Eiablage am Lavendel zupfen, denn dessen Inhaltsstoffe wirken sich unter anderem positiv auf den Magen-Darm-Trakt des Federviehs aus und haben außerdem angeblich eine sanft beruhigende Wirkung.

Seien Sie nicht zu sparsam beim Anpflanzen von Lavendel. Es dürfen ruhig gleich mehrere Exemplare sein, denn als regelrechte Insektenweide empfiehlt sich der Lavendel ohnehin für jeden Garten, in dem Natur willkommen ist.

Lavendel ist eine ungiftige Zierde für den Hühnergarten und kleine Küken können sich unter dichten Lavendelbüschen bei Gefahr sogar verstecken. Für Insekten sehr wertvoll, weil er den ganzen Sommer über blüht.

Wegen seiner flauschigen Samenstände, die beim kleinsten Windstoß auseinanderfliegen, nennt man den Löwenzahn auch Pusteblume.

Der Löwenzahn kommt von ganz allein in den Garten, wenn man manche Ecken ein bisschen verwildern lässt, wie hier ein Teilstück des Rasens. Auch rosa Wiesenschaumkraut sorgt hier für schöne Farbakzente.

Löwenzahnblätter sind ein gesunder Wildsalat für Hühner, den diese gern täglich fressen dürfen.

Löwenzahn – Gratissalat aus der Natur

Hühner kann man getrost als „Salattiger" bezeichnen, denn sie stürzen sich regelrecht auf jedes Salatblatt, das man ihnen ins Gehege wirft. Ich kenne keinen Hühnerhalter, der beim „Auswahlverfahren" während des Salatwaschens für den menschlichen Verzehr nicht besonders großzügig beim Aussortieren ist, denn die „schlechten" Blätter sind ja schließlich für die Hühner. Aber die kultivierten Kopfsalate aus Supermarkt und Garten sind zwar durchaus ein gesunder Leckerbissen für zwischendurch, für die übermäßige Verfütterung an das Federvieh gibt es andere, bessere Alternativen. Wildsalat aus der Natur bietet beispielsweise deutlich mehr Raufaser, Bitterstoffe und Ballaststoffe, die für eine funktionierende Verdauung unerlässlich sind. Der Wiesen-Löwenzahn (*Taraxacum* sect. *Ruderalia*) ist meiner Meinung nach „der König" der Wildsalate, denn seine jungen Blätter, im Frühling gesammelt, sind außerdem ungewöhnlich reich an Mineralstoffen und Vitaminen, insbesondere Vitamin K_1.

Solange er frisch nachwächst, sollte man den Löwenzahn für die Hühner täglich sammeln, nur als Trockenfutter eignet er sich leider nicht so gut. Sein Futterwert geht durch die Trocknung rapide verloren und er empfiehlt sich daher eher als kleiner Teil einer bunten Mischung an Trockenkräutern. Gern dürfen dabei auch die gelben Blütenköpfe mitgetrocknet werden.

Einige der schwersten Hühnerrassen neigen in kleinen Gehegen mit den Jahren zum Verfetten. Insbesondere die Rassen Brahma, Cochin, Deutsches Lachshuhn, Mechelner und Sundheimer sind bekannt dafür. Solche Rassen kann man im Frühjahr für zwei bis drei Wochen auf eine „Löwenzahnsalatdiät" setzen, indem man die tägliche Portion Körnerfutter deutlich reduziert und dafür mehr Löwenzahn und anderes Grünfutter reicht. Diese Salatdiät kann sich so positiv auf den Gesamtzustand der Hühner auswirken, dass diese hinterher womöglich nicht nur deutlich fitter sind, sondern auch wieder mehr Eier legen.

Während der Löwenzahn für viele Gartenbesitzer symbolisch für alle Unkräuter schlechthin steht, ist er für uns Hühnerhalter ein willkommenes Wildkraut, das wir nicht missen wollen.

An der Luzerne darf die Zwerg-Wyandotte gern zupfen. Hier wächst sie verwildert in der Wiese eines Naturgartens. Die durchaus attraktive Wiesenblume ist aufgrund ihres hohen Eiweißgehalts in der Tierfütterung unverzichtbar.

Weil die gewöhnliche lila blühende Luzerne sich gern mit der verwandten gelben Luzerne kreuzt, findet man Luzerne heute in bunten Farbmischungen. Und auch wenn Bienen die Luzerne anfliegen, ist diese im Naturgarten vor allem als Hummel-Nährpflanze zu betrachten.

Luzerne – ein Geheimtipp aus der Pferdefütterung

Pferdehaltern dürfte der Wert der Luzerne als Futterpflanze schon bekannt sein, schließlich baut man diesen Schmetterlingsblütler in manchen Regionen extra felderweise für die Rösser an, um sogenanntes Luzerneheu zu ernten. Die Luzerne ist in erster Linie ein hochwertiger Eiweißlieferant. Ihre Blätter, Blüten und Stängel beinhalten eine sehr günstige Zusammensetzung an Proteinen, die nicht nur gestressten Sport- und Zuchtpferden zugutekommt, sondern auch Hühnern helfen kann, über energiezehrende Lebensphasen heil hinwegzukommen. Weil Eiweiß beim Geflügel zum Beispiel den Gefiederaufbau unterstützt, ist Luzerne im Fall der Küken während der gesamten Aufzuchtphase ab der zweiten Lebenswoche ein sinnvolles Zusatzfutter und im Fall der Alttiere jedes Jahr wieder, wenn diese in die Mauser kommen und ihr Gefieder wechseln (mehr zur Mauser im Kapitel „Gartenhühner gesund halten"). Man sollte dabei möglichst frische Luzerne in zerkleinerter Form füttern und diese regelmäßig in moderaten Mengen reichen. An Pferde wird die Luzerne häufig auch in Form von gepressten Pellets gefüttert. Solche Luzernepellets kann man für die Hühner im Winter in warmem Wasser aufquellen lassen. Sie fressen diese dann recht gern und haben so auch im Winter eine willkommene Abwechslung auf dem Menüplan, die zudem leicht zu beschaffen ist. Angeblich legen Hühner, die im Winter regelmäßig aufgeweichte Luzernepellets bekommen, auch während der kalten Jahreszeit deutlich besser.

Im Naturgarten kann man Luzerne für die Hühner als Bestandteil einer bunten Blumenwiese kultivieren. Sie behauptet sich an sonnigen Plätzen gut zwischen anderen Wildkräutern und Gräsern. *Medicago sativa*, die klassische Luzerne, blüht in verschiedenen Lilatönen, kreuzt sich aber mit *Medicago falcata*, der ebenfalls sehr nützlichen Sichel-Luzerne. Dadurch bekommt man unter Umständen eine bunte Mischung an Farbtönen, wenn man Luzerne heranzüchtet, und das kann als Teil einer Blumenwiese toll aussehen und eine optische Bereicherung sein. Die Luzerne hat sich bestäubungstechnisch übrigens an Hummeln angepasst und ist daher auch gut dazu geeignet, diese sympathischen Brummer in den Garten zu locken.

Oregano – natürliches Antibiotikum

Wenn man in Tirol wandern geht, ist es nicht ungewöhnlich, dass man vom Tal bis hinauf zur Baumgrenze von einer der besten Hühnerheilpflanzen überhaupt begleitet wird, dem Oregano (*Origanum vulgare*).

Der Oregano, manchen auch als Wilder Majoran bekannt, wächst auffallend gern am Wegesrand und auffallend ist dabei auch seine große Anziehungskraft auf Insekten. Wildbienen, Schwebfliegen, Käfer und so mancher seltene Schmetterling wie das Widderchen laben sich an seinen zartvioletten Blütchen. Der Oregano sollte schon aus diesem Grund im naturnahen Garten nicht fehlen, für den Hühnergarten jedoch würde ich ihn sogar als „unentbehrlich" einstufen. Oregano hat nachweislich eine sehr gute antibiotische Wirkung und wird dabei vom Geflügel gut vertragen. Aus diesem Grund wird er sogar von den großen „Tierzuchtfabriken" vorbeugend als Zusatzfutter eingesetzt, ein Kunststück, das nur wenige andere Pflanzen schaffen, denn mit Heilpflanzen halten sich die „Giganten der Hühnerindustrie" üblicherweise nicht auf. Neben seiner famosen Wirkung als pflanzliches Antibiotikum zählt auch der Oregano wieder zu jenen Heilpflanzen, die sich allgemein auf den Verdauungstrakt der Hühner positiv auswirken. Am liebsten würde man also gleich beim Wandern mit dem Sammeln von Oregano anfangen, denn der Wilde Oregano hat bekanntlich eine besonders intensive Wirkung, jedoch gedeiht dieses Gewächs auch im Garten wunderbar. An einem sonnigen Standort, mit durchlässiger Erde, wuchert der Oregano bei mir seit vielen Jahren und ist selbst durch intensives Sammeln meinerseits nicht wieder auszurotten. Obwohl es sich auch empfiehlt, Oreganoblätter für den Winter zu trocknen (man bewahrt diese dann in einem luftdichten Gefäß auf), ist die praktischste Darreichungsform ohne Zweifel das Oreganoöl. Man kann es fertig kaufen oder selbst herstellen, so oder so sind ein paar Tropfen Oreganoöl, gelegentlich dem Futter beigemengt, eine tolle Ergänzung.

Oregano wächst gern wild am Wegesrand, wer in den Bergen wandern geht, hat ihn sicher schon gesehen. Vom Oregano lassen sich sowohl die zierlichen Blütenstände als auch die Blätter verwerten. Das Oreganoöl ist eine hochwertige Beigabe, die man gelegentlich ins Hühnerfutter mischen sollte, beispielsweise vor intensiven Wetterumschwüngen.

Ringelblumen stammen ursprünglich aus dem Mittelmeerraum und dürfen in keinem Kräutergarten fehlen. Für das Ringelblumenöl werden die Zungenblüten von den Blütenkörbchen gezupft, wenn die Pflanzen am schönsten blühen.Über mehrere Wochen hinweg dürfen die Blütenblätter der Ringelblume hier ihre wertvollen Inhaltsstoffe an das Distelöl abgeben, ehe der Ansatz dann letztlich abgeseiht wird. Getrocknete Ringelblumenblüten behalten ihre Farbe sehr gut und können im Winter in kleinen Mengen verfüttert werden.

Ringelblume – „die riecht schon irgendwie nach Heilung"

„... die riecht schon irgendwie nach Heilung" war eine Aussage meinerseits, über die sich Zuschauer von „Happy Huhn" in der 90. Folge der YouTube®- Serie besonders amüsiert haben. In der Folge ging es um Heilpflanzen für die Geflügelhaltung, und eine Heilpflanze ist die Ringelblume (*Calendula officinalis*) auf jeden Fall, ja man kann sogar getrost sagen: „Ein klassischer Kräutergarten ohne Ringelblumen ist unvorstellbar." Ringelblumen haben Tradition und kamen schon vor vielen Jahrhunderten aus dem Mittelmeerraum in die deutschsprachigen Länder. In den Bauerngärten meiner Tiroler Heimat schätzt man sie auch als Zierpflanzen, weil sie mit ihren leuchtend gelben oder wahlweise orangefarbenen Korbblüten ohne Zweifel recht schmucke Erscheinungen sind. Gerade dann, wenn sie am schönsten blühen, werden die Köpfchen jedoch massenhaft für die Zubereitung der Ringelblumensalbe gepflückt. Es gibt verschiedenste Rezepturen für diese Salbe und vielleicht hatte früher auch jede Bäuerin ihre eigene, aber wie dem auch sei, meine Oma gab immer auch Bienenwachs mit in die Mischung und verwendete die fertige Salbe dann gern für geplagte Milchkühe mit Euterentzündungen oder Schürfwunden, Quetschungen und dergleichen an den empfindlichen Zitzen. Die Ringelblumensalbe eignet sich demzufolge in der Tierhaltung besonders zu „Problembehebungen" an den nackten Körperbereichen, die im Fall des Huhns die Kehllappen und der Kamm sind. Tatsächlich ist sie im Winter, auf Kamm und Kehllappen aufgetragen, ein guter Frostschutz und kann außerdem helfen, wenn Verletzungen und Schürfwunden am Kamm aufgrund von Rangordnungskämpfen auftreten. Auch bei Sonnenbränden wirkt Ringelblumensalbe Wunder; diese treten beim Huhn allerdings nur auf, wenn die Tiere mausern, oder bei einzelnen Hennen, die von permanenten Kopulationsversuchen vonseiten des Hahns über dem Rücken kahl sind. In letzter Zeit setzt sich alternativ zur Salbe auch das Ansetzen eines Ringelblumenöls immer mehr durch. Hierfür eignet sich beispielsweise Distelöl als Basis.

Ringelblumen lieben die volle Sonne und haben einen einjährigen Lebenszyklus. Für die Keimung ihrer großen eingedrehten Samen benötigen sie offene, lockere Böden.

Roh fressen die Hühner Rote Beete in der Regel nur, wenn man sie ihnen in zerkleinerter Form darreicht. Gesottene Knollen der Roten Beete dienen Hühnern als willkommene Beschäftigungstherapie und können sogar dem Federpicken aus Langeweile vorbeugen. Auch das Laub der Roten Beete darf von den Hühnern gefressen werden. Rechts bekommen die Hühner junge Mangoldblätter als Leckerbissen für zwischendurch. Der Mangold ist nahe verwandt mit der Roten Beete.

Rote Beete – macht dunkle Dotter und gesunde Hühner

Als lagerfähiges Wurzelgemüse wurde die Rote Beete, auch Rote Rübe oder Rohne genannt, früher häufig als Vorrat für die kalten Wintermonate angebaut und dabei auch als Viehfutter genutzt. Heute ist sie wieder in Mode und spielt als „Roter-Rüben-Saft" oder als Salat in der menschlichen Ernährung eine Rolle. Aus der Tierfütterung ist sie leider fast vollständig verschwunden, dabei wäre sie gerade für die Ernährung des Federviehs eine großartige Bereicherung.

Eine betagte Tiroler Bäuerin hat mir einmal erzählt, dass sie sich aus Kindertagen daran erinnern kann, dass die Hühner früher Eier mit besonders dunklen Dottern legten, wenn man ihnen regelmäßig Rote Beete gab. Dabei schien es hauptsächlich zwei Darreichungsformen gegeben zu haben: Entweder wurden rohe Knollen zerkleinert verfüttert oder gesottene Knollen den Hühnern im Ganzen gereicht. Letztere Methode beschäftigt die Hühner stundenlang mit Picken, wenn man die Knollen nicht ganz durchkocht, sodass sie noch etwas Härte besitzen. Somit können die Beeteknollen eine gute Ablenkung sein, wenn man in der Hühnergruppe Probleme mit dem Federpicken hat. Es gibt zahlreiche Beobachtungen, die bestätigen, dass Hühner sich tatsächlich viel weniger gegenseitig bepicken, wenn sie für die Futteraufnahme mehr „arbeiten" müssen. Etwas Besseres als die Rote Beete könnte ich mir da als Beschäftigungstherapie kaum vorstellen, denn diese beinhaltet beispielsweise zahlreiche Vitalstoffe für das Immunsystem, wirkt mineralisierend und soll die Blutbildung fördern. Auch das Laub der Roten Beete kann getrost an das Geflügel verfüttert werden und lässt sich in der menschlichen Ernährung wie Mangold verwenden. Rote Beete und Mangold wurden von uns Menschen einst aus derselben Wildform, *Beta vulgaris*, gezüchtet und die Beete ist im Prinzip nichts anderes als ein „Knollen-Mangold". Wer Rote Beete mag, sollte also auch dem ebenfalls viel zu wenig bekannten Mangold mal eine Chance im eigenen Gartenreich geben.

Beide Gemüsearten lassen sich im Gemüsegarten vergleichsweise unkompliziert für die Hühner anbauen und gedeihen zuweilen sogar an ungünstigen Standorten, an denen andere Gemüsesorten versagen.

Der echte Arznei-Salbei bevorzugt im Garten sonnige Standorte mit durchlässigem Boden.

Vom Salbei kennt man viele Sorten mit unterschiedlichen Blattaromen. Dieser *Salvia microphylla* 'Hot Lips' beispielsweise duftet nach Schwarzer Johannisbeere.

Salbei – ein wertvolles Heilkraut für Mensch und Tier

Die bläulichen Salbeiblüten haben im Garten durchaus Zierwert und erscheinen im Sommer.

Salbeiblätter sollten möglichst schonend getrocknet werden, damit ihre Wirkstoffe sich halten können.

Der Echte Arznei-Salbei (*Salvia officinalis*), ist bekannt für seine antibakterielle und heilende Wirkung bei verschiedenen Beschwerden, aber insbesondere, wenn es um Erkrankungen der Atemwege geht. Wenn ich als Kind Halsschmerzen hatte, sagte meine Mutter zu mir, ich solle doch ausgiebig auf einem Salbeiblatt herumkauen und es nachher wieder ausspucken. Es kostete mich zwar jedes Mal eine gewisse Überwindung, dies zu tun, weil ich den Geschmack des Salbeis als Kind fürchterlich fand, aber geholfen hat es mir fast immer. Heute mag ich den intensiven Geschmack und Geruch des Salbeis so gern, dass ich manchmal während der Gartenarbeit sogar trotz bester Gesundheit auf einem Salbeiblatt herumkaue. Es ist eine altvertraute Gewohnheit geworden. Langer Rede kurzer Sinn: Der Salbei ist definitiv eine Heilpflanze, die hält, was sie verspricht, und weil ich selbst unzählige Male am eigenen Leib erfahren durfte, wie wohltuend er ist, bin ich auch in höchstem Maß davon überzeugt, dass er für die Hühner ebenfalls ein Segen ist. Wann immer Hühner Unwohlsein zeigen, mische ich ihnen automatisch ein paar gehackte Salbeiblätter in die nächste Frischfutterportion. Auch abgekühlter Salbeitee kann den Hühnern bei Erkältungskrankheiten, ähnlich wie Kamillentee, zum Trinken angeboten werden. Sollten einige Hühner den „Heiltrank" verschmähen, ist es wichtig, dass diese auch Zugang zu reinem Trinkwasser haben, damit sie nicht dehydrieren. Ebenfalls geeignet ist der Salbei für die Herstellung von Kräuterheu, das, wie in anderen Pflanzenporträts schon berichtet, eine tolle Einstreu für die Legenester ist, an der die Hühner gern während der Eiablage zupfen dürfen. Salbei kann im Hühnergarten ähnlich wie Lavendel angepflanzt werden, weil er wie dieser ein Kind des Südens ist und warme, geschützte Plätze bevorzugt. Die Hühner lassen ihn in der Regel in Ruhe, sofern sie genügend anderes Grünzeug finden, sodass er, zwischen schützende Steine gepflanzt, durchaus auch dort eine Chance hat, wo die Hühner sich viel aufhalten. Alternativ sieht er auch, in Terrakottagefäße gepflanzt, sehr hübsch aus. Salbei lädt zum Sammeln ein, denn abgesehen vom Arznei-Salbei gibt es noch viele weitere attraktive Arten, die mit den unterschiedlichsten Aromen erfreuen. Haben Sie beispielsweise schon mal den Ananas-Salbei (*Salvia elegans*), den Johannisbeer-Salbei (*Salvia microphylla*) oder den Muskateller-Salbei (*Salvia sclarea*) versucht?

Die Schafgarbe hat eine lange Blütezeit und wird von vielen Insekten besucht.

Hühner, wie hier meine schwedische Blumenhenne Traudi, interessieren sich meistens nicht für die Schafgarbe, wenn sie ihr im Garten begegnen.

Schafgarbe – zu Unrecht verschmäht

Manchmal finden sich nützliche Pflanzen ganz von allein im Garten ein, ohne dass man sie extra anpflanzen muss. Ein solches Gewächs ist häufig die Schafgarbe (*Achillea millefolium*), die stark davon profitiert, dass die Rasenflächen im Naturgarten in der Regel keine stickstoffüberdüngten Grasmonokulturen sind, sondern auch Beikräutern Überlebenschancen lassen. Mit ihren fein zerteilten Blättern schmiegt sich die Schafgarbe eng an den Erdboden an und bildet mit der Zeit flache Matten, die den Messern des Rasenmähers kaum in die Quere kommen und somit auch einer regelmäßigen Mahd standhalten. Nur die Blütenstände erheben sich deutlich über dem Boden, und wenn man sich an diesen erfreuen möchte, sollte man bewusst um die Schafgarbematten herummähen. Blühende Schafgarben werden häufig mit Doldenblütlern verwechselt, weil sie ähnliche Sammelblütenstände wie diese ausbilden. Tatsächlich ist die Schafgarbe ein Korbblütler und sie ist in ihrer Heilwirkung zwei anderen in diesem Buch behandelten Korbblütlern, nämlich der Kamille und der Ringelblume, unter Umständen sogar überlegen. Weil sie aber auch leichter überdosiert werden kann als diese, sollte man mit der Schafgarbe bedachtsamer umgehen. Ich persönlich gebe sie vielen Rezepturen, die mit der Ringelblume und Kamille zu tun haben, als unterstützende Zusatzkomponente bei, vom Tee bis hin zur Salbe. In reiner Form verwendete ich sie bisher nur als Schafgarbentee, denn dieser kann sich bei einer Legenot krampflösend auswirken und der betroffenen Henne dabei helfen, das festsitzende Ei abzulegen.

Weil Hennen mit starker Legenot nicht mehr selbstständig trinken, muss man ihnen den Tee vorsichtig einflößen. Dabei ist darauf zu achten, dass keine Flüssigkeit in die Luftröhre und somit in die Lunge des Huhns gelangt.

Im Rasen und in der Wiese zählt die Schafgarbe übrigens zu den letzten Kräutern, an denen sich die Hühner vergreifen. Wenn Gräser, Klee und Löwenzahn bereits „abgeweidet wurden“, sorgt das Blattwerk der Schafgarbe immer noch für Grün. Nicht zuletzt aus diesem Grund möchte ich im Hühnergarten tunlichst dazu raten, die Schafgarbe nicht als lästiges „Rasenunkraut“ zu verteufeln.

Die Blüten und Blätter der Schafgarbe können für einen heilsamen Tee getrocknet werden.

Es gibt vom Sonnenhut schon viele Zuchtformen – etwa mit weißen oder gefüllten Blüten. Der Rote Sonnenhut ist eine traditionelle Heilpflanze der Native Americans.

Sonnenhut – nur in Maßen gut

Manche Heilpflanzen sind auch als Zierpflanzen durchaus zu empfehlen und werden heute aufgrund ihrer Schönheit vielleicht sogar öfter zur Verschönerung in Gärten verwendet.

Hierzu zählt sicherlich auch *Echinacea purpurea*, der markante Sonnenhut, der mit seinen namensgebenden hutförmigen Blütenständen ein verlässlicher Blickfang im spätsommerlichen Garten ist. Er ist nicht nur eine Augenweide, sondern zugleich eine hervorragende Bienenweide, die sowohl gewöhnliche Honigbienen als auch die verschiedensten Wildbienenarten sowie allerlei Hummeln in den Garten lockt. Bevor der Sonnenhut in Europa zu einer der beliebtesten Zierpflanzen avancieren konnte, wurde er in seiner Heimat, den Prärien Nordamerikas, von den Native Americans als traditionelle Heilpflanze gesammelt. Schon die indigenen Völker wussten über die immunstärkende Wirkung des Sonnenhuts Bescheid und verwendeten ihn bei diversen Erkrankungen als Heilmittel, vorwiegend solcher, die die Atemwege betrafen. Heute ist das nicht anders, nur mit dem Unterschied, dass die Kraft des Sonnenhuts weltweit für genau diesen Zweck Eingang in die Medizin gefunden hat. Auch auf die Hühner wirkt sich eine gezielte Verfütterung von *Echinacea* während der Übergangszeiten oder nach Ortswechseln sehr positiv aus. Man kann dabei die grünen Pflanzenteile klein geschnitten verfüttern oder sich aus der Apotheke einen speziellen *Echinacea*-Saft besorgen, der sich leicht unters Futter mischen lässt.

Sofern man es mit seiner Verwendung nicht übertreibt, ist der Rote Sonnenhut eine stärkende Pflanze für die Hühner.

Ein gewisses Fingerspitzengefühl ist im Fall des Sonnenhuts allerdings gefragt, denn Untersuchungen haben gezeigt, dass der Sonnenhut zu den Heilpflanzen gehört, die man durchaus leicht überdosieren kann. Die stärkende Wirkung des Krauts kann sich bei übermäßiger Aufnahme dann sogar ins Gegenteil verkehren. Es empfiehlt sich daher, den Hühnern während des Behandlungszeitraums öfter kleinere Mengen zu reichen anstelle einmal zu viel zu verfüttern.

Als Richtwert findet man in der Literatur, dass der Anteil an *Echinacea* in der Gesamtfutterration 0,5 Prozent nicht überschreiten sollte.

Spitzwegerichblätter dürfen von den Hühnern regelmäßig gefressen werden, sowohl frisch als auch getrocknet. Kleinere Ballengeschwüre bei Hühnern können mit Spitzwegerichpaste behandelt werden.

Spitzwegerich – unscheinbar und doch unbezahlbar

Seinen guten Ruf als Heilpflanze hat der Spitzwegerich, botanisch *Plantago lanceolata*, vor allem seiner Nützlichkeit bei Insektenstichen zu verdanken. Ganz gleich, ob Bienen- oder Stechmückenstich, eine Salbe mit dem abschwellend und reizmildernd wirkenden Spitzwegerich verschafft Linderung. Nun ist es so, dass man bei Hühnern, aufgrund des dichten Gefieders, relativ selten Mückenstiche antreffen wird, das bedeutet aber nicht, dass wir Hühnerhalter für den Spitzwegerich keine Verwendung haben. Für die Behandlung kleinerer Abszesse, Schnittwunden und Abschürfungen an den empfindlichen Fußballen der Hühner ist er bestens geeignet und hat sich in meinem Bekanntenkreis hierfür schon vielfach bewährt. Eines vorweg: Sobald größere Abszesse und Geschwüre an den Fußballen auftreten, ist ganz klar der Besuch beim Tierarzt angesagt, denn große Eiterherde müssen geöffnet werden, da führt kein Weg daran vorbei. Kleinere Wehwehchen lassen sich aber häufig mit einer Spitzwegerichsalbe oder einer selbst gemachten Paste aus pürierten Spitzwegerichblättern und Topfen/Quark recht gut behandeln. Damit das betreffende Heilmittel an den Fußballen genügend einwirken kann, muss man dem Huhn eine Art Fußverband machen, der auch zwischen die Zehen geschlungen wird. Hierfür kann man mit verschiedenen Tapes, einfachen Pflastern und Mullbinden experimentieren, denn je nach Hühnerrasse hält nicht jede Variante gleichermaßen gut.

Abgesehen von seiner Heilwirkung ist der Spitzwegerich sowohl frisch und klein geschnitten als auch in getrockneter Form eine wertvolle Futterpflanze, die man in fast jeder ungedüngten Wiese und auf vielen naturbelassenen Rasenflächen „gratis" sammeln kann. Spitzwegerich dürfen die Hühner täglich fressen und es sind vor allem dessen Gerb- und Schleimstoffe, die ihn so wertvoll machen und den gesamten Verdauungstrakt in seinen Funktionen unterstützen.

Der Spitzwegerich ist ein unauffälliges Gewächs, das jedoch in vielen Gärten von allein wächst.

Der Echte Thymian kann auf nährstoffarmen Böden auch als mattenbildende Rasenpflanze gedeihen und hält es sogar aus, wenn mal ein Huhn über ihn „hinwegtrampelt". Thymian sollte während der Blütezeit gesammelt werden und ist getrocknet eine hervorragende Einstreu für Legenester.

Thymian – wie wär's mit Kräuterheu?

Mit dem Thymian hatte ich persönlich sowohl im Steingarten als auch in den Kräuterbeeten nie wirklich Glück. Wann immer ich eine Sorte anpflanzte, ganz gleich ob es sich dabei um Zitronen-, Orangen-, Steinpilz-, Strauch- oder Quendel-Thymian gehandelt hat, bekam ich von dieser immer nur ein kurzes Gastspiel. Manche Sorten sind erfroren, andere neigten dazu, mitten im Jahr abzusterben oder, im Fall der polsterbildenden Sorten, von innen her zu verkahlen.

Also stempelte ich den Thymian als „zu unzuverlässig" ab, verbannte ihn aus meinem gärtnerischen Denken und dachte, damit wäre die Geschichte erledigt. Was soll ich sagen? Heute habe ich mehr Thymian im Garten, als ich mir je hätte wünschen können. Mit den Jahren hat sich nämlich *Thymus vulgaris*, der heimische Echte Thymian, von selbst bei mir eingefunden. Mein Wildkräuterrasen bietet ihm an einer sonnigen Hanglage wohl die idealen Bedingungen, und so bildet er dort zwischen Schafgarbe, Spitzwegerich, Gänseblümchen, Günsel, Gundelrebe und Löwenzahn dichte zusammenhängende Polster, die teilweise über einen Quadratmeter groß sind. Natürlich rasiere ich diese Polster beim Rasenmähen nicht einfach kahl, sondern verschone sie bewusst, denn mit dem Thymian lässt sich viel Gutes anstellen. Für das aromatische Hühnerkräuterheu ist er, während der Blütezeit gesammelt, ideal. Diesem Kräuterheu kann man auch Oregano, Salbei, Lavendel und Minze beigeben. Legt man es den Hennen in die Legenester, soll es angeblich Ungeziefer abschrecken. Viele Hennen lieben es außerdem, während der Eiablage am Kräuterheu zu zupfen, und sind so nicht nur beschäftigt, sondern nehmen auch noch etwas Sinnvolles zu sich. Thymian wirkt sich beispielsweise sehr förderlich auf den Verdauungstrakt der Hühner aus, hat gezielt angewendet aber auch eine antibakterielle, entzündungshemmende und sogar schmerzstillende Wirkung, ähnlich dem Oregano. Überhaupt lässt sich fast alles, was man mit Oregano herstellen kann, zum Beispiel das Oregano-Öl, auch mit dem Thymian in die Tat umsetzen. Ich möchte den Thymian bei mir im Hühnergarten nicht mehr missen und gewähre ihm gern die „Narrenfreiheit", dort zu wachsen, wo er es von selbst möchte. Übrigens ist der Thymianrasen sehr strapazierfähig und hält auch menschlichen Tritten, ja selbst spielenden Kindern, überraschend gut stand.

Große herzförmige Blätter, knallgelbe Blüten und dazu eigenartig verschnörkelte Knollen, das ist Topinambur! Die Knollen der Topinambur werden weltweit als Viehfutter genutzt. Für die Hühnerfütterung empfehle ich sie gern als Winterfutter in gekochter Form.

Topinambur – die „unkaputtbare" Riesenstaude

Als „invasiv" wird das Wuchsverhalten der Topinambur von Botanikern gern bezeichnet. Die Knollenpflanze aus der Gattung der Sonnenblumen neigt unbestreitbar zum Wuchern und kann mit den Jahren tatsächlich viele Quadratmeter Fläche bedecken, wenn man sie ungehindert wachsen lässt. Bei einer Endhöhe von zwei bis drei Metern hat man da schnell einen Topinamburwald, wenn man diese Pflanze unüberlegt im Garten ansiedelt. Für kleine Ziergärten eignet sich *Helianthus tuberosus*, so der wissenschaftliche Name, selbstredend nicht, aber für den Hühnergarten finde ich diese Pflanzenart gerade wegen ihres „invasiven Wesens" so ungemein brauchbar und nützlich. Nur wenige andere winterharte Stauden sind wüchsig genug, um es mitten im Hühnergehege dauerhaft auszuhalten, und sehen dabei auch noch so gut aus. Die Hühner lieben es, im Sommer zwischen den kräftigen Stängeln des Topinamburs zu rasten. Sie finden unter der stattlichen Pflanze Schatten und Deckung, dürfen aber durchaus auch an den handtellergroßen herzförmigen Blättern zupfen, denn diese werden in manchen Erdteilen sogar gezielt als Viehfutter genutzt. Topinambur stirbt jedes Jahr im Spätherbst oberirdisch ab und zieht sich über den Winter in seine unterirdischen Knollen zurück. Im April treibt er dann wieder aus und lediglich in dieser empfindlichen Phase sollte man ihn vor allzu stürmischen Hühnern schützen. Das Highlight des Topinambur-Lebenszyklus sind für mich immer die großen gelben Blüten, die erst im September und Oktober erscheinen. Es sind dies typische Sonnenblumenblüten, die für Insekten so spät im Jahr eine willkommene Pollenquelle darstellen. Angebaut wird Topinambur in Europa ursprünglich wegen seiner stärkehaltigen, essbaren Knollen, die man auch an Nutztiere verfüttern kann. Ich empfehle gern, sie den Hühnern gekocht als Winterfutter zu reichen, denn es hat sich herausgestellt, dass die rohen Topinamburknollen nicht von allen Hühnern gleichermaßen gut vertragen werden.

Kleine Zwerghuhn-Rassen, wie Sebright, Serama oder Bartzwerge, üben erfahrungsgemäß keine eindämmende Wirkung auf Topinamburstauden aus, und so kann es für die Verschönerung ihrer Gehege besser sein, wenn man auf die nah verwandte Weidenblättrige Sonnenblume (*Helianthus salicifolius*) zurückgreift. Auch sie ist mehrjährig, wird sehr hoch und bildet im Herbst hübsche Blüten aus. Weil sie aber deutlich weniger wuchert, lässt sie sich gezielter als gestalterisches Element verwenden.

Die Weide – jetzt wird gewerkelt und gebastelt

Die verschiedensten Arten und Sorten der Weide können immer wieder bei Hühnerhaltern punkten, weil sie so wüchsig und „unkaputtbar" sind. Selbst in so manchem überstrapazierten Auslauf findet ein Weidenbaum noch sein Auskommen. Weiden sind geradezu kinderleicht in der Beschaffung, denn sie lassen sich außerordentlich einfach vermehren. Wo man also für möglichst wenig Geld viel Effekt erzielen möchte, sind sie eine besonders gute Wahl. Bleistift- bis fingerdicke Weidenzweige, zwischen 20 und 60 Zentimeter Länge, bilden abgeschnitten und in einen Kübel mit Wasser gesteckt spätestens nach zehn Tagen neue, kräftige Wurzeln aus und können auch schon wenig später an ihrem endgültigen Platz ausgepflanzt werden. Die meisten Arten und Sorten entwickeln sich innerhalb weniger Jahre zu regelrechten Bäumen, während ein paar wenige Weiden auch von Natur aus eher kompakt und strauchförmig bleiben. Der Klassiker für den großen Hühnerauslauf ist sicherlich die hochstämmige Trauerweide (*Salix alba* 'Tristis'), weil sie mit ihrer überhängenden schirmartigen Krone ein hervorragender Schattenspender ist. Für kleinere Flächen empfehle ich persönlich gern die Rosmarinblättrige Weide (*Salix rosmarinifolia)* mit ihrer rötlichen Rinde und den silbrigen Blättern oder die Korkenzieher-Weide (*Salix matsudana* 'Tortusa') mit ihren spiralig eingedrehten Zweigen, die hübsch aussehen. Attraktiv ist auch das an Olivenbäume erinnernde silbrige Blattwerk von *Salix helvetica*, der Schweizer Weide. Ähnlich wie man für Kinder im Garten mit bewurzelten Weidenzweigen lebende „Indianer-Tipis" und „Dschungelhütten" anpflanzen kann, kann man übrigens auch für die Hühner mit Weiden seinen kreativen Baukünsten freien Lauf lassen.

Viele der wüchsigeren Weidensorten sind prima dafür geeignet, grüne Flechtzäune, Zelte, Tunnels oder Unterschlüpfe für die Hühner zu kreieren. Lassen Sie Ihrer Fantasie freien Lauf!

Die Rosmarinweide bleibt vergleichsweise klein und hat eine schöne rote Rinde.

Weiden, wie diese Korkenzieherweide, wachsen schnell zu kleinen Bäumen heran und sind den Hühnern gegenüber unempfindlich.

Das mardersichere Außengehege dieses Hühnerstalls wird durch das schöne Blattwerk einer Weinrebe optisch aufgewertet. Man beachte auch den Holunder links. Gartenhühner, wie diese Seidenhenne (links), sollen Weintrauben nur in kleinen Mengen fressen. Das halbwüchsige Küken (rechts) kann sich zwischen den großen, wohlgeformten Blättern einer Weinrebe gut verstecken.

Weinrebe – ein grüner Mantel für den Hühnerstall

Die echte Weinrebe (*Vitis vinifera*) verschönert mit ihren großen, wohlgeformten Blättern fraglos jeden Hühnerstall, an dem man sie emporranken lässt. Sie kann dabei, einmal eingepflanzt, uralt werden und wird mit den Jahren so wüchsig, dass man sie nur noch durch regelmäßige Schnittmaßnahmen im Zaum halten kann. Grundsätzlich gibt es für den Weinrebenschnitt klare Regeln, die alle aus dem landwirtschaftlichen Weinbau stammen, in dem es um Ertrag geht. Im Hühnergarten kann man eine Weinrebe aber durchaus mal ihrer selbst wegen anpflanzen und sie genauso gut wild drauflos wuchern lassen. Sie kann dann nicht nur die Stallwand, sondern ganze Hühnergehege samt Überspannung begrünen. Lassen Sie doch mal einen Teil Ihres Hühnerauslaufs im Sommer auf diese Art zu einer willkommenen Schattenlaube für das Federvieh werden, die Weinrebe wird Sie gern bei diesem Plan unterstützen.

Pilzresistente, kleinfrüchtige Sorten sind hierfür übrigens am besten geeignet, wie etwa die historische 'Uhudler'-Traube aus dem Südburgenland. „Verblüffenderweise", ich meine das jetzt ganz ironisch, tragen solche robusten Sorten dann auch ohne den überkandidelten Schnitt in ihrer „hoffnungslos verwilderten" Wuchsform sehr gut und liefern leckere Trauben in Hülle und Fülle. Wichtig ist, dass die Hühner nur kleinere Mengen von diesen Trauben zu sich nehmen, denn zu große Mengen vertragen sie nicht so gut. Es ist also positiv, dass diese in der Regel außerhalb ihrer Reichweite in luftiger Höhe heranreifen, und es empfiehlt sich auf jeden Fall, stets rechtzeitig mit der Traubenernte zu starten.

Fazit: Die Traube ist einmal mehr eine Pflanze, die im Hühnergarten für die passende Verknüpfung sorgt: Den Hühnern bietet sie Schatten, Sichtschutz und Struktur, uns Menschen erfreut sie mit ihren süßen Früchten und ihrem gefälligen Blattwerk. So haben alle etwas von dieser Pflanze.

'Uhudler' ist eine robuste burgenländische Weinrebe, die auch an exponierten Standorten, wie hier am Hühnerzaun rankend, gedeihen kann.

Die Küchenzwiebel, egal ob rot oder weiß, ist eine gute Heilpflanze für Hühner wie diese Seidenhenne. Mit so einem praktischen Zwiebelschneider lassen sich Zwiebeln ganz ohne Tränen klein hacken. Gehackte Zwiebeln, vermischt mit geriebenen Karotten, kann man den Hühnern bei Schnupfenwellen reichen.

Zwiebel – mehr Heilpflanze als Gemüse

Die Küchenzwiebel, *Allium cepa*, hat in der Hühnerfütterung eine richtige Renaissance erlebt. Von vielen Hühnerhaltern wird sie wieder regelmäßig verwendet, und ich möchte hier daher zunächst sogar warnen, denn mir ist aufgefallen, dass sie häufig täglich auf dem Hühnermenüplan steht. Von der permanenten Verfütterung der Zwiebel an das Federvieh halte ich nicht viel. Die Zwiebel ist, obgleich sehr gesund, doch kein leicht verdauliches Gemüse, und gerade weil sie so mannigfaltige Wirkungen auf den Organismus des Huhns hat, ist sie nicht unbedingt als klassische Futterpflanze zu betrachten. Sie ist vielmehr eine Heilpflanze, die als solche auch gezielt eingesetzt werden sollte. Man verwendet Zwiebeln zum Beispiel zur Behandlung von verschnupften Hühnern oder auch als Hausmittel gegen Würmer. Besonders für ersteren Verwendungszweck kann ich sie nicht genug lobpreisen. Jeder Halter von frei laufenden Hühnern kennt folgendes Problem: Es ist Sommer und regnet tagelang. Anstatt im Stall zu bleiben oder sich im überdachten Bereich des Auslaufs aufzuhalten, wollen ein paar Hennen immer ungeschützt im Regen rumlaufen, bis sie völlig durchnässt sind. Das passiert schneller, als man denken würde, und häufig bekommen solche Hühner dann eine Art „Sommerschnupfen“. Bahnt sich mal wieder so eine kleine Schnupfenwelle in der Hühnergruppe an – Symptome wären zum Beispiel Niesen und schleimiger Ausfluss an den „Nasenlöchern“ –, ist die Zwiebel geradezu ideal, um das Ruder noch mal rechtzeitig rumzureißen. Gehackte Zwiebeln, vermischt mit geriebenen Karotten, werden drei bis fünf Tage lang hintereinander verfüttert, zusätzlich zum Standardfutter, und schon sind die Hühner wieder fit. Wenn sie es nicht sind, sollte man einen Tierarzt konsultieren, denn dann könnte man es auch mit etwas Hartnäckigerem zu tun haben wie etwa einer infektiösen Bronchitis. Die gleiche Mischung mit Karotten hat sich auch als vorbeugendes und eindämmendes Hausmittel gegen Wurmbefall bewährt und sollte für diesen Zweck einmal im Monat für fünf Tage verfüttert werden. Genauer kann man es nicht sagen, weil es verschiedene Wurmarten gibt, die den Hühnerverdauungstrakt bewohnen. Nahe mit der Zwiebel verwandt ist übrigens der Knoblauch (*Allium sativum*). Auch er kann für ähnliche Zwecke verwendet werden wie die Küchenzwiebel, allerdings stets in kleineren Mengen.

Auch die Blüten der Küchenzwiebel sehen hübsch aus und haben einen gewissen Zierwert im Garten.

RASSEPORTRÄTS: 15 erlesene Perlen der Hühnerzucht

Rein theoretisch kann man jede Hühnerrasse auch in einem Garten halten, denn ob das Ganze in der Praxis dann letztlich funktionieren wird oder nicht, hängt sowohl von den Begebenheiten des einzelnen Gartens ab als auch von den persönlichen Vorstellungen und Idealen des Halters. Dennoch haben sich bestimmte Hühnerrassen mit der Zeit zu regelrechten Gartenrassen herauskristallisiert, während andere nach wie vor eher in der Landwirtschaft und bei Selbstversorgern zum Einsatz kommen. Vorwiegend sind die typischen Gartenrassen entweder zur Gruppe der kleinwüchsigen Hühnerzüchtungen zu rechnen oder aber zu jenen, die außerordentlich zahm und zutraulich in ihrem Wesen sind. Viele Rassen, die ich Ihnen im Rahmen der Rasseporträts näherbringen möchte, passen sogar in beide Kategorien und sind daher sogar „höchstgradig gartentauglich". Da denke ich beispielsweise an die Zwerg-Cochins, das Sebright-Huhn, die Seramas oder die japanischen Chabos. Darüber hinaus möchte ich, der Vielfalt zuliebe, aber auch einige Abstecher in andere Richtungen machen, weshalb Sie unter den Porträts auch ein Riesenhuhn, zwei Kämpferrassen, zwei Legerassen sowie eine hochgradig gefährdete Rasse finden, für den Fall, dass Sie planen, Erhaltungszucht in Ihrem Garten zu betreiben. Einige Rassen, bei denen es sich in puncto Gartenhaltung geradezu um Klassiker handelt, wie beispielsweise Seidenhühner, Zwerg-Wyandotten und Holländische Zwerghühner, fehlen jedoch bewusst, weil ich diese schon in meinem ersten Hühnerbuch, „Happy Huhn", ausführlich vorgestellt habe. Betrachten Sie die beiden Bücher also auch hier wieder als sich ergänzende Werke.

Ayam Cemanis sind sehr aufmerksame Hühner, denen nichts entgeht, was im Garten passiert.

Ayam Cemani VOM HEILIGEN HUHN ZUR LUXUSWARE

Kaum eine andere Hühnerrasse hat in den letzten zehn Jahren unter mitteleuropäischen Hühnerfreunden so für Furore gesorgt wie das Ayam-Cemani-Huhn aus Indonesien. Befruchtete Bruteier wurden für Preise zwischen 3 und 10 Euro das Stück gehandelt, Zuchtpaare wechselten für Summen im vierstelligen Bereich ihren Besitzer und ein Mythos nach dem anderen wurde über diese zierlichen Hühner in Umlauf gebracht. Jetzt ist der Zauber des Fremdartigen ein wenig verflogen, die Preise haben sich eingependelt und so manche Unwahrheit, wie etwa die Behauptung, Cemani-Hennen würden pechschwarze Eier legen, wurde aufgedeckt. Ayam bedeutet im Inselstaat Indonesien „Huhn" und „Cemani" nennt sich ein Dorf im Zentrum der Insel Java, wo die Rasse ihren Ursprung hat. Java gilt bis heute als Hauptzuchtgebiet der Ayam Cemanis; angeblich ist die Rasse dort schon seit vielen Jahrhunderten bekannt und gilt als „heiliges Huhn", das auch für religiöse Zwecke eingesetzt wird. Ob es dabei als Symbol für das Gute oder das Böse steht, würde mich besonders interessieren, den Ayam Cemanis sind tiefschwarz. Als schwärzeste Hühner der Welt gelten sie sogar, denn nicht nur Gefieder, Läufe, Kehllappen, Gesichtshaut, Kamm und Augen sind schwarz, auch das Fleisch und die inneren Organe sind ganz dunkel. Lediglich die Eier bescheren einen „Lichtblick", denn sie sind ironischerweise strahlend weiß. Unter anderem waren es durch Photoshop schwarz eingefärbte Eier auf Internetfotos, die dazu führten, dass so viele Leute hierzulande plötzlich Ayam Cemanis züchten wollten. Jeder wollte das schwarze Huhn haben, das schwarze Eier legt.

Ayam-Cemani-Hennen sind gute Glucken mit ausgezeichneten Instinkten. Diese Küken sind zwei Wochen alt und bereits teilweise befiedert.

Das einzig Helle an diesen Ayam-Cemani-Eintagsküken ist der Eizahn an der Schnabelspitze. Er wird bald abfallen.

Lässt man die ungewöhnliche Farbgebung einmal außen vor und betrachtet die Ayam Cemanis unvoreingenommen, so handelt es sich bei ihnen um durchschnittliche Hühner, in der typischen Form eines alten Landschlags. Mit ca. 2 Kilogramm Gewicht eher leicht gebaut, sind sie frei von züchterischen Sondermerkmalen, wie Federhauben, Bärten, Rosenkämmen oder befiederten Läufen. Auch das Verhalten der Rasse passt zu diesem Bild, denn die Cemanis sind lebhafte Futtersucher und bemerken dank ihres aufgeweckten Wesens jeden Eindringling im Hühnergarten sofort. In vielerlei Hinsicht erinnern sie mich sehr an Wildhühner, so wollen die Cemanis in ihrem Freigelände beispielsweise besonders viel Deckung in Form von Gehölzen und Großstauden haben, um sich wohl zu fühlen. Am besten sichert man ihr Gehege nach oben hin mit einem Netz ab, das man mit schnellwüchsigen Kletterpflanzen begrünt. So schlägt man zwei Fliegen mit einer Klappe, denn man wirkt zum einen dem gut entwickelten Flugvermögen der Cemanis entgegen und bietet ihnen zum anderen zusätzliches „Dschungelfeeling" durch das Blattwerk der Klettermaxe. Beobachtungen haben gezeigt, dass die eigentlich sehr brütfreudigen Cemani-Hennen nicht zur Brut schreiten, wenn man sie in kahlen, schlecht strukturierten Gehegen hält. Wenn Sie also Nachwuchs von ihren Cemanis wünschen, bepflanzen Sie das Gehege so schön und abwechslungsreich wie nur möglich. Mit der Idee vom üppigen Garten lässt sich das glücklicherweise prima vereinen. Alles in allem sind die Ayam Cemanis sicherlich

Der dunkle Blick und die tiefschwarze Farbgebung, die selbst die nackten Hautpartien mit einschließt, verleihen dem Ayam-Cemani-Hahn etwas Teuflisches.

kein Paradebeispiel für eine Hühnerrasse, die man für die Haltung im Garten besonders empfehlen kann. Zu lebhaft, wild und flugfähig sind sie, um als solches zu gelten. Sie hier in den Rasseporträts vorzustellen war mir dennoch wichtig, denn sie sind nun mal eine Moderasse und werden schon allein deshalb aktuell in vielen Hühnergärten gehalten. Vielleicht kann ich dazu beitragen, dass der eine oder andere seine Cemani-Haltung ein bisschen verbessert und seine Schützlinge in Zukunft besser versteht. Eines muss man dieser Hühnerrasse aber lassen, sie ist atemberaubend schön! Das eigentlich schwarze Gefieder schillert im Sonnenlicht in den sattesten Nuancen von Grün und Blau bis hin zu Lila, und man kann sich bei diesem Anblick gut vorstellen, warum diese Hühner in ihrer Heimat verehrt werden!

Bei bestimmtem Lichteinfall schillern die Federn der Ayam Cemanis in Grün, Blau und Lila.

Ein Bantam-Hahn mit perfekten Proportionen wacht stolz über seine Damen.

Bantams ROSENKÄMMIGE SCHMUCKSTÜCKE MIT GESCHICHTE

Bantam, wahlweise auch „Banten" geschrieben, ist eine kleine Hafenstadt, malerisch am westlichen Ende der indonesischen Insel Java gelegen. Schon 1603 nutzten die gut vernetzten Briten den Hafen von Bantam erstmals erfolgreich für den Handel. Danach gab es immer wieder einmal Zeiten, in denen die Handelsbeziehungen mit Java zum Erliegen kamen, und bessere Zeiten, in denen ein reger Austausch herrschte. Letztere dürften es auch möglich gemacht haben, dass im Lauf der Zeit immer wieder zwergwüchsige, javanesische Haushühner lebend mit Handelsschiffen bis nach England gelangen konnten. Die Rasse gehöret zu den „Urzwergen" – so nennt man kleinwüchsige Hühner, zu denen es keine großen Pendants gibt. Im England des 19. Jahrhunderts entstand das moderne Bantam-Huhn, das bis heute weltweit zu den beliebtesten Miniatur-Hühnerrassen zählt. Bantam-Hennen wiegen ca. 500 Gramm, die Hähne erreichen schon mal 600 Gramm. Beide Geschlechter haben eine sehr stolze, aufrechte Haltung und

Bantam-Hennen des goldhalsigen Farbenschlags tragen ein Tarnkleid in erdigen Farbtönen, ganz ähnlich dem von Wildhühnern. Im Stall beanspruchen Bantams gern die höchstgelegenen Sitzstangen für ihre Nachtruhe.

Der Rosenkamm und die großen weißen Ohrscheiben sind die markantesten Kopfpunkte des Bantam-Hahns.

bewegen sich mit der selbstsicheren Eleganz eines Wildhuhns. Die Hähne sind sehr kurz im Rücken und tragen ihr Schwanzgefieder hoch. Die Sicheln sind dabei fast kreisrund gebogen und von perfekter Ausführung. Für die buchstäbliche Krönung sorgt der auffällige Rosenkamm, der in einem spitzen Dorn endet. Bei den Hähnen sieht das aus, als würden sie eine rote Matrosenkappe tragen, bei den Hennen ist dieser Rosenkamm hingegen auf eine so geringe Größe reduziert, dass er nur noch als zapfenförmiger Fortsatz in Erscheinung tritt. Auffällig sind bei dieser Rasse sicherlich auch die strahlend weißen Ohrscheiben, die beim Hahn überdurchschnittlich groß sind. Diese Ohrscheiben kommen beim schwarzen Farbenschlag am besten zur Geltung und leuchten förmlich aus der Gesamterscheinung heraus. Schwarz ist übrigens auch die älteste Farbvariante bei dieser Rasse.

Die ersten Bantams, die auf Hühnerausstellungen präsentiert wurden, waren tiefschwarz mit deutlichem Grünglanz. Bis heute sind viele weitere Varianten hinzugekommen wie Weiß, Gesperbert, Silberhalsig, Weiß-Schwarzcolumbia und Zitron-Porzellanfarbig. Auf dem Bildmaterial zu diesem Rasseporträt sind überwiegend goldhalsige Bantams zu sehen. Die Farbe Goldhalsig ähnelt der Wildfarbe des Huhns stark, wodurch der natürliche und wildhuhnartige Charakter der Bantams optisch noch unterstrichen wird. Bantams sind im Garten bewegungsfreudige und umtriebige Hühner. Sie lieben es, auf erhöhten Warten zu rasten, und wollen darum im Auslauf einige erhöhte Sitzgelegenheiten haben, von denen aus sie ihr „Reich" gut im Überblick haben. Sollten Sie mehr als einen Hahn in einer Bantam-Gruppe haben, empfiehlt es sich, die Sitzstangen im Stall in unterschiedlichen Höhen anzubringen, um Streitereien zu vermindern. Die ranghöheren Tiere wollen nämlich lieber höher positioniert schlafen als die rangniedrigeren Hähne, und wenn sie das nicht können, ist Zank vorprogrammiert.

Der kleine Bantam-Hahn posiert gern mit geschwollener Brust.

Aufgrund ihrer geringen Größe sind Bantams im Garten nicht allzu aufwendig zu halten. Bedenken sollten Sie jedoch, dass die Rasse gut fliegen kann. Zur Sicherheit sollten Freigehege daher mit einem Netz überspannt sein. Auch geräumige Volieren mit dichter Bepflanzung sind eine empfehlenswerte Alternative, um diese Rasse sicher unterzubringen. Obwohl Bantams mit ihrem kecken Auftreten recht wild wirken, können sie durchaus Vertrauen zu ihrem Halter fassen. Sie lassen sich zwar nicht gern anfassen, nehmen aber bereitwillig Futter aus der Hand an und laufen einem schon mal neugierig nach, wenn man im Garten werkelt. Alles in allem handelt es sich um eine bildschöne und durchwegs empfehlenswerte Rasse für alle jene, die ein unkompliziertes Zierhuhn mit verminderten Platzansprüchen suchen.

Hähne des Bielefelder Kennhuhns krähen in der Regel laut, aber tief.

Bielefelder Kennhühner UNVERKENNBAR SCHÖN UND NÜTZLICH

Das Bielefelder Kennhuhn ist zweifelsohne eine Perle der deutschen Hühnerzucht und zugleich eine der jüngsten Hühnerrassen überhaupt. Erst in den 1970er-Jahren begann seine Zuchtgeschichte, als deutsche Züchter die Idee hatten, eine neue, leistungsstarke Hühnerrasse zu erzüchten, die als Hauptrassemerkmal die sogenannte „Kennfarbigkeit" aufweisen sollte. Mit kennfarbig ist gemeint, dass sich bereits an den Eintagsküken anhand der Farbgebung ihres Flaumkleids das Geschlecht bestimmen lässt. Das bringt aus züchterischer Sicht durchaus Vorteile, denn beim Großteil der anderen Hühnerrassen ist eine Geschlechtsbestimmung im Kükenalter nur bedingt möglich. Das Zuchtvorhaben gelang und wurde 1980 mit der offiziellen Anerkennung der neuen Rasse in Deutschland belohnt. Seither haben die Kennhühner die Herzen der Hühnerfreunde im Sturm erobert und zählen nun gewiss zu den beliebtesten Hühnerrassen Europas. Es handelt sich um sehr große, eher ruhige Tiere mit friedfertigem Charakter. Die Hähne

Die zwei Hahnenküken sind anhand ihrer helleren Farbgebung und des Sperberflecks am Kopf leicht von ihren Schwestern zu unterscheiden.

Die Hähne sind beim Bielefelder Kennhuhn meist deutlich schwerer als die Hennen. Dieser Zuchthahn wiegt 4 Kilogramm.

können bis zu 4 Kilogramm auf die Waage bringen, die Hennen schaffen etwas mehr als 3 Kilo. Als wichtigste Ausgangsrassen wurden Amrocks, Mechelner und Welsumer verwendet. Das ist kein Zufall, denn man wollte den genetischen Sperberfaktor der ersteren beiden Rassen mit der Rebhuhnfarbe der Welsumer verbinden. Sieht man sich das Federkleid einer Bielefelder Kennhenne einmal genauer an, erkennt man, dass ihre Farbgebung im Grunde genommen dem erdigen Braun, Grau und den Goldtönen der Rebhuhnfarbe entspricht, die übrigens auch für Wildhühner typisch ist. Durch die Sperberung wurden diese Naturfarben nur eben zu streifenartigen Musterungen „umverteilt", und das macht dann die Besonderheit der Kennfarbigkeit aus. Weil der Sperberfaktor sich geschlechtsgebunden vererbt und zugleich dominant ist, tragen reinerbige Hähne ihn doppelt, während Hennen ihn genetisch immer nur auf einem Allel besitzen können. Durch die doppelte Wirkung sind reinerbige Hähne schon an ihrem ersten Lebenstag im Vergleich zu ihren weiblichen Schlupfgeschwistern deutlich heller gezeichnet. Wie das bei den Bielefelder Küken genau aussieht, sehen Sie am besten auf dem Foto auf Seite 93. Weil die Bielefelder Kennhühner schon kurz nach ihrer Entstehung sehr schnell sehr beliebt wurden, blieb es nicht aus, dass die Züchter sich bemühten, auch eine Zwergvariante der Rasse zu kreieren. Da in der großen Version bereits die Gene der niederländischen Welsumer Hühner steckten, war es naheliegend, für die Verzwergung Zwerg-Welsumer einzukreuzen, um dem Typ treu zu bleiben. Das wurde dann auch gemacht und führte schnell zum Erfolg. Die Zwerg-Bielefelder sind in Statur, Kopfpunkten, Verhalten und Gewicht, das bei ca. 1 Kilogramm liegt, den Zwerg-Welsumern verblüffend ähnlich. Nur durch ihre Kennfarbigkeit unterscheiden sie sich für Laien auf den ersten Blick von diesen. Sie sind für die Gartenhaltung gewiss ein toller Kompromiss, wenn der Platz für große Bielefelder Kennhühner nicht ausreicht, und könnten in Zukunft ähnlich beliebt werden. Eine Besonderheit aller Bielefelder Kennhühner, ob groß oder klein, ist das vermehrte Auftreten von gesprenkelten Eiern. Das ideale Bielefelder Ei soll hellbraun mit dunkelbraunen „Sommersprossen" sein. Große Bielefelder Hennen schaffen in ihrer ersten Legeperiode gut und gern 240 Eier, bei den Zwergen liegt die Leistung bei 180 bis 200 Eiern.

Zwerg-Bielefelder Kennhühner sind eine tolle Alternative zu den großen Bielefeldern, wenn der Platz knapp ist. Sie sind deutlich lebhafter und bringen nur wenig mehr als 1 Kilogramm auf die Waage.

Ihren hohen Stand und dem greifvogelartigen Kopf sollen die Brahmas angeblich von den Malaien haben, die üppige Befiederung hingegen von den großen Cochins.

Brahma „THE GIANT KING OF ALL POULTRY"

In einer bunten Truppe von verschiedenen Hühnerrassen sind die Brahmas stets herausragend, im wahrsten Sinne des Wortes. Brahmas zählen mit ca. 70 Zentimetern Höhe und einem Gewicht von je nach Kondition 4 bis 6 Kilogramm zu den imposantesten Hühnerrassen weltweit. Nicht umsonst bezeichnen Züchter aus den USA die Rasse gern liebevoll als "The Giant King Of All Poultry", der riesenhafte König allen Geflügels. Die USA sind im Grunde genommen auch das Heimatland der Brahmas, denn dort wurden sie zu der perfekt durchgezüchteten, altvertrauten Rasse entwickelt, die wir Hühnerliebhaber heute so gut kennen. Ursprünglich lassen sich die amerikanischen Brahmas jedoch auf „Riesenhühner" zurückführen, die Mitte des 19. Jahrhunderts über den Schiffsweg von Indien in die USA gelangten. „Chittagongs" und „Brahmapootras" nannte man diese nach ihrer Einführung zunächst. Letztere Bezeichnung dürfte schließlich zur heute üblichen, verkürzten Version „Brahma" geführt haben und soll den Fluss Brahmaputra ehren. Indien ist riesig und hat viele traditionelle Hühnerrassen zu bieten, die üblicherweise gut erforscht sind. Aus welchem Teil Indiens die Vorfahren der Brahmas jedoch stammen sollen, ist bis heute ein Rätsel. In älteren Hühnerbüchern liest man häufig, dass man die Riesenhühner seinerzeit wohl in der Nähe des Brahmaputras entdeckt haben müsse und sie darum auch so heißen würden. Das grenzt

Silberfarbig gebänderte Brahma-Hennen haben eine extravagante Federzeichnung, die wie gepinselt aussieht.

den Ausgangsrassen. Wie dem auch sei, Brahmas wurden in den USA schon kurz nachdem man sie zum ersten Mal auf Geflügelschauen präsentierte, eine heißbegehrte Rasse, die für Hühnerverhältnisse unverschämt berühmt werden sollte. Sie bescherten der Rassezucht einen regelrechten Aufschwung und sollen schon 1852 auch erstmals nach Europa gelangt sein. Bis in die 1930er-Jahre dauerte der große „Hühnerrassenboom" sowohl in den USA als auch

das Ursprungsgebiet aber nicht wirklich ein, denn der Brahmaputra gehört zu den längsten Flüssen Asiens. Genetisch stehen die Brahmas dem chinesischen Cochin-Huhn und dem Malaien-Huhn, beides ebenfalls sehr große Rassen, auffallend nahe, und es wird daher auch immer wieder behauptet, sie seien lediglich eine Kreuzung aus diesen bei-

in Europa an, und während dieses gesamten Zeitraums gehörten die Brahmas zu den Hauptakteuren auf den Geflügelausstellungen. Danach wurde es deutlich ruhiger um die Schwergewichte, aber wirklich von der Bildfläche verschwunden sind sie nie. Hielt man sie vor dem Auftreten der ersten industriellen Masthähnchen durchaus

Brahmas überschreiten schon mal die 5-Kilogramm-Marke und sind somit eher für große Gärten zu empfehlen.

Das Bretonische Zwergschaf wirkt im Vergleich zu den beiden Brahma-Hennen tatsächlich zwergenhaft.

„Gelb-Schwarzcolumbia" nennt sich dieser Farbschlag der Brahmas.

auch als Fleischrasse, so sind die Brahmas heute eine Zierrasse geworden. Für die Gartenhaltung sind sie trotz ihrer enormen Größe hervorragend geeignet, denn sie verhalten sich stets ruhig und friedlich. Die befiederten Läufe hindern die Tiere daran, durch Scharren größere Schäden im Garten anzurichten, und das enorme Gewicht sorgt dafür, dass die Brahmas gern am Boden bleiben, sprich, sie würden niemals versuchen, über die Hecke in den Nachbargarten zu fliegen.

Auch wenn Brahmas im Garten keine hohen, aufwendigen Umzäunungen brauchen, wenig gefährdet durch Feinde wie Katzen und Raubvögel sind und insgesamt als sehr kältetolerant und widerstandsfähig gelten, so bringen sie doch einen erheblichen Nachteil mit sich: Sie verlangen einen Stall mit relativ großer Grundfläche. Weil sie sich fast ausschließlich am Boden aufhalten, sollte man meines Erachtens nach pro Tier dieser Rasse einen Quadratmeter Stallfläche anbieten. Erst ab einer Gruppengröße von sechs Tieren darf es etwas weniger sein, da ja immer jedes Huhn die gesamte Fläche nutzen kann. Sollte der Platz kein Problem für Sie sein, finden Sie in den Brahmas Hühner, die unkompliziert sind und schnell zutraulich werden. Kinder schaffen es immer wieder, ihre Angst vor Hähnen dank eines lieben Brahma-Hahns zu überwinden, und das, obwohl der erhabene Gesichtsausdruck in Kombination mit dem hühneruntypischen Erbsenkamm den Brahmas durchaus etwas „Adlerartiges" verleiht.

Brahmas kennt man in diversen Farbschlägen, wovon die columbiafarbigen und die doppelt gebänderten Varianten am beliebtesten sind. Eine Zwergvariante, die nur etwa 1,3 Kilogramm auf die Waage bringt, gibt es von dieser Rasse ebenfalls. Sowohl die großen als auch die „Zwerge" sind mittelmäßige Leger von braunschaligen Eiern.

Für Kinder sind Chabos tolle erste Hühner, denn sie werden schnell handzahm und mögen den Kontakt zu ihren Haltern.

Chabo-Hahn Tyrion bettelte bei meinem Besuch bei der Züchterin darum, auf den Arm genommen zu werden. Das ist typisch für diese Rasse.

Chabos URIGE ZWERGHÜHNER AUS JAPAN

„Früher musste jedes Nutztier seinen Nutzen erbringen." Oder: „Vor 100 Jahren hätte sich niemand ein Huhn als Kuscheltier gehalten." Das sind Aussagen, mit denen ich im Laufe meines Happy-Huhn-Projekts immer wieder einmal konfrontiert wurde. Meist kommen sie aus einer sehr emotionslosen Ecke der Hühnerzucht, wie der industriellen Eierproduktion, und sie sollen mir wohl weismachen, dass ich mit meiner Happy-Huhn-Philosophie einen falschen Weg gehe. Ich messe solchen Reden nicht viel Bedeutung zu, denn ich weiß schließlich, dass auch in vergangenen Jahrhunderten neben Legehühnern und Mastrassen stets auch Platz für Ziergeflügel auf dieser Welt war.

Ein geradezu herausragendes Beispiel hierfür ist die mehr als 1000 Jahre weit zurückverfolgbare Geschichte der ulkigen Chabo-Urzwerge von den japanischen Inseln. Lassen Sie mich Ihnen diese friedfertigen kleinen Hühnchen zunächst optisch beschreiben und Sie werden mir schnell beipflichten, dass diese Hühner wohl kaum jemals ernsthaft als Nutztiere zum Einsatz gekommen wären. Sie wurden ganz klar um ihrer selbst willen gezüchtet.

Chabos wiegen ca. 500 Gramm und zählen damit zu den allerkleinsten Hühnerrassen. Sie haben kürzere Beine als andere Hühnerrassen, ansonsten jedoch einen sehr eleganten Körperbau, der durch die seitlich nach unten abgespreizten Flügel und die nach vorn gestreckte Brust zusätzlich betont wird. Hinzu kommt ein relativ kurzer Rücken, der schnell in das steil aufgerichtete Schwanzgefieder übergeht. Im Fall der Hähne ragen die Sichelfedern des Schwanzgefieders derart steil nach oben, dass ihre Spitzen sogar die Kammzacken deutlich überragen. Das sieht ausgesprochen adrett

Chabos gelten seit vielen Jahrhunderten als ideale Gartenhühner, denn sie richten kaum Schäden an Blumen und Rasenflächen an.

Struppfiedrige Chabos sind vergleichsweise selten und etwas empfindlicher im Vergleich zu ihrer glattfiedrigen Verwandtschaft.

Dieser Chabo-Hahn des Farbschlags Gold-Porzellanfarbig wiegt gerade einmal 500 Gramm, seine Henne 400 Gramm.

und von der Seite betrachtet nahezu v-förmig aus. Chabos sind die geborenen Zierhühner für gepflegte Gärten, optisch reizvoll, herrlich zu beobachten und kaum dazu in der Lage, Schäden in Blumenbeeten, Rasenflächen oder Gemüsepflanzungen anzurichten.

Kein Wunder, dass der japanische Adel sich diese Hühner seit jeher zur Belustigung und Belebung der fein gestalteten Landschaftsgärten hält. Sie sollen eine Zeit lang sogar vorwiegend den feinen – und wohl oft sehr einsamen – Damen Gesellschaft geleistet haben, ob indoor oder outdoor, und sind dadurch zu einer zutraulichen Rasse geworden. Chabos fassen schnell Vertrauen zu ihrem Halter und suchen schon mal von sich aus die Gesellschaft zu ihren Menschen. Gern denke ich in diesem Zusammenhang an meine regelmäßige YouTube®-Co-Moderatorin Verena. Sie begleitete mich einmal bei einem Drehtermin für perlgrau-weiß getupfte Chabos und hatte sich sofort in die Rasse verliebt. Also kaufte sie sich ein Trio. In den ersten Tagen waren die Chabos noch etwas scheu und zurückhaltend, aber schon eine Woche später saßen sie jedes Mal auf Verenas Schoß, sobald diese sich in ihrem Garten auf eine Bank oder gar die Hollywoodschaukel setzte. Sie bettelten regelrecht darum, „auf den Arm genommen" zu werden, und das ist für diese Rasse überaus typisch.

Wie lange es Chabos auf den japanischen Inseln schon gibt, ist schwer zu sagen. Die ältesten Indizien für zwergwüchsige Zierhühner weisen gar auf das 7. Jahrhundert nach Christus hin. Nach Europa sollen die ersten Chabos laut manchen Quellen erst Mitte des 19. Jahrhunderts gelangt sein. Schon ein niederländisches Gemälde aus

Trotz ihrer geringen Größe sind Chabos erstaunlich wintertauglich und kältetolerant – nur Tiefschnee mögen sie nicht.

Chabos gehören zu den kurzbeinigen Hühnerrassen. Wer züchten möchte, sollte sich vorab über die Vererbung dieses Merkmals informieren.

dem Jahr 1660 zeigt aber einen zwergwüchsigen Hahn auf einem bunten Hühnerhof, der eindeutig verkürzte Beine hat und zudem die besonders Chabo-typische Farbgebung „Gelb mit schwarzem Schwanz zeigt". Ziemlich sicher dürften die Chabos also schon zu der Zeit in Europa bekannt gewesen sein, nur sind sie vielleicht zwischenzeitlich wieder ausgestorben oder verschwanden, weil sie sich mit europäischen Hühnerrassen kreuzten. Wie dem auch sei, Chabos sind ein beachtenswertes Juwel der japanischen Kultur und ihre Haltung und Zucht hat daher durchaus etwas Ehrenhaftes an sich.

Legendär unter Hühnerliebhabern ist sicherlich auch die große Farbenvielfalt, die man bei den Chabos antrifft, welche nahezu alle bei Hühnern üblichen Nuancen umfasst, sowie zusätzlich noch zahlreiche Sonderlackierungen, von „Gold-Porzellanfarben" über „Weiß mit schwarzem Schwanz" bis hin zu „Perlgrau-Weiß getupft". Außerdem gibt es Zuchtrichtungen mit übergroßen Kämmen, Bärten oder beispielsweise Struppgefieder.

Die Farbgebung dieses stolzen Cubalaya-Hahns lässt sich mit „Silber-Weizenfarbig" oder „Lachsfarbig" gleichsetzen. Der typische Kopf einer zimtfarbenen Cubalaya-Henne (kleines Bild), mit dreireihigem Erbsenkamm und roten Ohrscheiben.

Cubalaya DER GEFIEDERTE STOLZ KUBAS

Manche Hühnerrassen sind so eng mit ihrer Heimat verbunden, dass sich das sogar in ihrem Rassenamen widerspiegelt, wie auch beim Cubalaya-Huhn. Das Cubalaya-Huhn ist die kubanische Nationalrasse und gilt für viele Hühnerhalter des Inselstaats Kuba als „Das Huhn für alle Fälle". Diese Hühner sind gewiss eine interessante Mischung, denn sie sind Zierrasse, Kampfhuhn und Legerasse zugleich. Obwohl die Cubalayas ihre Abstammung von Kampfhühnern nicht verleugnen können, wirken sie optisch sehr prachtvoll, denn sowohl der Hahn als auch die Henne haben überdurchschnittlich lange Schwanzfedern. Dazu später mehr. Geschätzt wird die vornehme Rasse im tropisch-schwülen kubanischen Klima nämlich auch als verlässliche Eierproduzentin, wenn hochgezüchtete Hybridrassen versagen. Die Cubalaya-Hennen schaffen zwar „nur" eine Legeleistung von 120 bis 150 Eiern jährlich, was aus heutiger Sicht wenig erscheinen mag, weil sie diese Leistung aber zuverlässig bis zu fünf Jahre lang erbringen, wird klar, warum man sie auf Kuba auch wirtschaftlich nutzt. Cubalayas können zutraulich und zahm werden, haben sich gleichzeitig aber auch viele Verhaltensweisen von Wildhühnern

Hier sind halbwüchsige Cubalayas verschiedener Farbschläge zu sehen. Die Aufzucht der Rasse erfordert viel Platz.

Auch in Weiß kennt man das Cubalaya-Huhn, obgleich sehr selten anzutreffen.

bewahren können. So sind sie beispielsweise sehr gute Futtersucher und neigen stark zu instinktiven Verhaltensweisen, wie dem Aufbaumen und dem versteckten Brüten im Unterholz des Gartens. Die Hähne können untereinander vehement kämpfen, und obwohl es heißt, dass die Cubalayas im Vergleich zu anderen Kämpferrassen recht friedlich sind, so empfiehlt es sich doch, die Junghähne, spätestens wenn sie geschlechtsreif werden, zu trennen. Ihren hohen Zierwert erreicht die Rasse durch die sogenannte Langschwänzigkeit. Das Schwanzgefieder wird bei diesen Hühnern deutlich länger als bei den durchschnittlichen Rassen und kann beim Hahn schon einmal mehr als die Hälfte der Gesamtlänge einnehmen. Beide Geschlechter tragen ihr Schwanzgefieder außerdem ungewöhnlich weit auseinandergespreizt und in einem konvex nach unten gebogenen Winkel. Dieser Umstand hat zum Vergleich mit einem Hummerschwanz geführt und man beschreibt die Cubalayas in Züchterkreisen daher tatsächlich als „hummerschwänzige Langschwanzrasse".
Auch farblich haben die Cubalayas eine Besonderheit zu bieten, denn „Zimtfarbig", der häufigste Farbschlag bei den Cubalayas, findet sich bei anderen Hühnerrassen nur sehr selten. Wie diese Farbgebung zu ihrem Namen kam, wird nur an den Hennen ersichtlich, denn während die Hähne bunt und abwechslungsreich gezeichnet sind, ist der Grundton der schlichten Hennen ein helles Braun, das an Hals und Kopf von Rotbraun, am Schwanzgefieder und in den Schwungfedern jedoch von etwas Schwarz abgelöst wird. Der Vergleich mit Zimt ist alles in allem durchaus passend. Eine beliebte Abwandlung sind die Blau-Zimtfarbigen Cubalayas, bei denen die schwarzen Zonen blaugrau sind. Daneben kennt man auch reinweiße und silberne Cubalayas. Letztere sind vergleichbar mit einer Silber-Weizenfarbe bzw. einer Lachsfarbe, sind aber im deutschsprachigen Raum offiziell als Farbschlag für diese Rasse noch nicht anerkannt. Das Cubalaya-Huhn zählt mit 2 bis 2,5 Kilogramm Gewicht zu den mittelschweren Rassen, wirkt durch seine Befiederung aber deutlich größer und benötigt tatsächlich auch viel Raum in Stall und Auslauf. Kubanische Züchter berichten immer wieder davon, dass die Rasse sehr langlebig ist. Zehn bis fünfzehn Lebensjahre sind keine Seltenheit bei Tieren, die nicht vorzeitig im Kochtopf landen. Auch daran zeigt sich, wie natürlich diese Rasse ist. Extrem groß gezüchtete und extrem winzige Hühnerrassen sind nämlich oft mit fünf bis sechs Jahren schon regelrechte Greise, und die omnipräsenten Legehybriden sterben ohnehin meist in den ersten Lebensjahren, weil sie schlichtweg ausgelaugt sind. Mit ihrem Wildhuhncharakter sind die Cubalayas mit Sicherheit eine der besten Rassen für all jene, die ein möglichst natürliches Huhn haben wollen. Dass sie zu den Kampfhühnern gehören, vergisst man leicht, wenn man sich näher mit ihnen auseinandersetzt.

Die Hähne des Federfüßigen Zwerghuhns sind temperamentvoll und krähen relativ viel, jedoch nicht allzu laut.

Laufend kommen neue Farbschläge beim Federfüßigen Zwerghuhn dazu.

Federfüßige Zwerghühner JUWELEN FÜR GEPFLEGTE GÄRTEN

Flüchtig betrachtet, wirken die federfüßigen Zwerghühner, wenn sie durchs hohe Gras laufen, wie normale Zwerghühner. Erst auf flachem Untergrund offenbaren sie ihre Besonderheit, die stark befiederten Läufe, die selbstredend auch zum deutschen Rassenamen geführt haben. Im englischen Sprachraum kennt man diese beliebten Minihühner als "Booted Bantams", also „Gestiefelte Zwerghühner", was ein wenig lieblich klingt und dazu passt, dass diese Hühner auf den Betrachter wirken, als würden sie Schuhwerk tragen. Von befiederten Läufen kann man halten, was man mag. An sich sind sie nichts Neues und sind beispielsweise bei vielen asiatischen Rassen seit langer Zeit bekannt. Zweifellos bringen Federn an den Füßen für das Tier gewisse Einschränkungen mit sich und verlangen besondere Aufmerksamkeit vonseiten des Halters, weil sie schnell verschmutzen. Hühner lieben es, im Erdreich zu scharren, denn das ist ihre natürliche Art der Futtersuche. In „ausgeklügelt" gestalteten Gärten können sie mit ihrer Scharrtätigkeit durchaus einiges an Schaden in den Gemüsepflanzungen und Blumenbeeten anrichten. Weil die Fußbefiederung den Scharrtrieb der Federfüßigen Zwerge

„Gold-Porzellanfarbig" ist der wahrscheinlich älteste und zudem bis heute beliebteste Farbschlag bei den Federfüßigen Zwerghühnern.

deutlich einschränkt, gelten diese seit Langem als Geheimtipp für Leute, die eine Zierrasse suchen, die sich mit der Vorstellung vom gepflegten Garten vereinbaren lässt. Die Tiere haben davon natürlich nichts, aber so ist der Mensch nun einmal. Was nicht passt, wird weggezüchtet oder umgezüchtet. Darum haben wir ja auch genetisch hornlose Kühe, Hunderassen ohne Schwanz und Schweine mit zusätzlichen Rippenpaaren erschaffen. Wie dem auch sei, die Federfüßigen Zwerghühner sind trotz ihrer „Behinderung" eine interessante Rasse, die zudem seit vielen Jahrhunderten bekannt ist. Schon auf 400 Jahre alten Gemälden werden sie als Zierhühner in Gärten dargestellt, zu einer Zeit, in der niemand sich große Gedanken über das Tierwohl machte. Die Überlebenstüchtigkeit der Rasse dürfte über die Jahre hinweg also nicht allzu sehr unter der Fußbefiederung gelitten haben und man kann diese Zwerge sogar getrost als „lebendes europäisches Kulturgut" bezeichnen. Dennoch möchte ich Sie, werte Leser, dazu einladen, Sondermerkmale wie Vollhauben, Bärte, Kaulschwänze und eben Federfüße bei Hühnern stets kritisch zu betrachten, auch wenn ich Ihnen betroffene Rassen in meinen Porträts nicht vorenthalte.

Nun aber zurück zu der Rasse, um die es hier gehen soll, denn diese hat auch viele tolle Eigenschaften zu bieten, die sie liebenswürdig und erhaltenswert macht. Federfüßige Zwerghühner wiegen um die 500 Gramm und zeigen in ihren Verhaltensweisen eine angenehme Mischung aus Zutraulichkeit und ursprünglicher Wildheit. Die Hähne sind stets besorgt um das Wohl ihrer Damen und legen sich trotz ihrer geringen Größe schon mal mit weit größeren Tieren an, wenn sie diese als Feinde

Federfüßige Zwerghühner kommen regelmäßig in Brutlaune und ziehen ihre Küken in der Regel ohne große Probleme auf.

„Schwarz mit weißen Tupfen" und „Blau mit weißen Tupfen", sind nur zwei der schönsten Farbschläge beim Federfüßigen Zwerghuhn.

betrachten. Todesmutig schlagen sie Nachbars Lumpi in die Flucht, wenn dieser etwa einer Glucke mit Küken zu nahe kommt. Und Glucken wird der Züchter von Federfüßigen Zwerghühnern regelmäßig haben, denn die Hennen dieser Rasse kommen zuverlässig mehrmals im Jahr in Brutlaune. Bevor Seidenhühner als „lebende Brutmaschinen" so beliebt wurden, waren die Hennen des Federfüßigen Zwerghuhns die erste Wahl, wenn es darum ging, Eier von anderen Hühnerrassen oder gar Fasanen und Rebhühnern ausbrüten zu lassen. Sie sollten sich Federfüßige Zwerghühner nur dann in Ihr privates Gartenparadies holen, wenn Sie Wert auf eine regelmäßige Naturbrut legen. Liebhaber der Rasse haben eine ungemein große Bandbreite an Farbschlägen entwickelt, wie Gold-Porzellanfarbig, Schwarz-Weiß gescheckt, Blau-Weiß gescheckt, Rebhuhnfarbig, Perlgrau, Gesperbert, Silberhalsig und Kennfarbig. Die Herkunft der Federfüßigen Zwerghühner ist ein Mysterium, darüber kann man nur Vermutungen anstellen. Weil die Rasse in England, den Niederlanden, Belgien, Deutschland und Österreich schon seit langer Zeit gezüchtet wird, ist sie hervorragend an unser Klima angepasst und gilt trotz ihrer geringen Größe als kältetolerant, krankheitsresistent und robust.

Die große Farbenvielfalt bei den Federfüßigen Zwergen lädt dazu ein, sich eine bunte Truppe in den Garten zu holen.

Das auffälligste Rassemerkmal der „Modernen Englischen Zwerg-Kämpfer" ist ohne Zweifel ihr extrem langes Beinwerk. Manche Farbschläge der Zwerg-Kämpfer weisen eine recht dunkle Pigmentierung am Kopf auf. Kleine Fehler in der Ausprägung des Kamms sind bei den Modernen Englischen Zwerg-Kämpfern kein Ausschlusskriterium aus der Zucht.

Moderner Englischer Zwergkämpfer

AUF STELZEN DURCHS LEBEN

Vielleicht ist Ihnen in einer Dokumentation über die afrikanische Tierwelt schon einmal der Sekretär, ein äußerst langbeiniger Savannen-Vogel, aufgefallen. Er erreicht, voll aufgerichtet, eine Körperhöhe von 1,2 Metern und wirkt mit seinen langen Stelzenbeinen, als würde er über dem Savannengras schweben. Angeblich ist er in natura noch viel beeindruckender als auf dem Fernsehbildschirm. Ich war zwar noch nie in Afrika, hatte aber schon mal eine ziemlich ähnliche Begegnung ganz hautnah, nur in viel kleinerem Maßstab.

Anstelle des Sekretärs hatte ich Moderne Englische Zwergkämpfer vor mir und diese staksten natürlich nicht durchs Savannengras, sondern über eine ungemähte Rasenfläche. In ihren Proportionen sind die Modernen Englischen Zwergkämpfer dem Sekretär jedenfalls so ähnlich, dass ich erst mal lachen musste, als ein Hahn und eine Henne dieser Rasse neugierig auf mich zugelaufen kamen. Der Vergleich kam mir binnen Sekunden in den Sinn. Zugetragen hatte sich das Ganze während eines Fototermins, bei dem es eigentlich um die kleinen Seramas gehen sollte. Mit den staksigen Zwergkämpfern hatte ich nicht gerechnet und ich war sogleich hellauf begeistert von dem menschenbezogenen Wesen dieser Rasse. Die große Neugierde, die diese hochbeinigen Tiere mir gegenüber zeigten, ist anscheinend völlig normal und gilt unter Liebhabern der Rasse als „rassetypisch“. Viele Rassen aus der Gruppe der Kampfhühner sind nur gegenüber ihren Artgenossen aggressiv, bauen aber zu ihrem Halter eine starke Bindung auf. Die Modernen Englischen Zwergkämpfer sind da nicht anders und sie wurden ohnehin nie wirklich für den Hahnenkampf gezüchtet.

Sie sind im Grunde genommen eine reine Showrasse. In der zweiten Hälfte des 19. Jahrhunderts kreuzte ein englischer Züchter Zwerg-Malaien mit Indischen Zwerg-Kämpfern und selektierte die Nachzucht daraus auf einen möglichst lang

Diese beiden Hennen gehören zum Farbschlag „Kennfarbig“ und zeigen gut den rasseytpischen hohen Stand.

gestreckten und aufgerichteten Körperbau. Der Moderne Englische Zwergkämpfer war geboren. Alles an diesen Hühnern, die nur wenig mehr als ein halbes Kilo auf die Waage bekommen, erinnert an eine Bohnenstange. Die langen Beine scheinen optisch fast die Hälfte der Gesamthöhe einzunehmen, hinzu kommt der ebenfalls lange Hals, der diese Hühnchen zerbrechlicher wirken lässt, als sie es tatsächlich sind. Viele empfinden diese Rasse aufgrund ihrer Proportionen als „überzüchtet“ und „verunstaltet“, doch das ist bekanntlich Geschmackssache.

Genauso wie sich bei den Farbgebungen die Geister scheiden, und Farbschläge gibt es von den Modernen Englischen Zwergkämpfern wahrlich viele verschiedene. Gesperbert, Weizenfarbig, Birkenfarbig, Blau, Goldhalsig, Wildfarbig und Perlgrau sind nur ein paar der schönsten. Die Gartenhaltung von Modernen Englischen Zwerg-

„Silberhalsig mit Orangerücken"
nennt man diesen Farbschlag der Zwerg-Kämpfer.

kämpfern bereitet wenig Schwierigkeiten. Die Tiere können weder gut fliegen, noch richten sie große Schäden in den Blumenbeeten an. Auch das Krähen der Hähne ist vergleichsweise wenig störend, zumal diese ohnehin eher wenig krähen. Für Kinder sind die freundlichen Fliegengewichte selbstredend einfach zu handhaben und somit ideale Familienhühner.

Etwas mehr Aufmerksamkeit sollte man allerdings dem Stall schenken. Er soll gut isoliert sein und benötigt im Winter gegebenenfalls eine Heizung, denn diese Rasse ist dünn befiedert und gilt allgemein als kälteempfindlich. Sollten Sie vorhaben, Moderne Englische Zwergkämpfer zu züchten, dürften Sie gewiss darüber erfreut sein, dass die Junghähne dieser Rasse untereinander vergleichsweise verträglich sind. Bei ausreichend Platz ist es meistens kein Problem, sie gemeinsam in der Gruppe großzuziehen.

Der Kater jagt dieser vorwitzigen Henne keine Angst ein.
Moderne Englische Zwergkämpfer sind bekannt für ihren Mut.

Schwarz gesäumte Paduaner sind mit Abstand am beliebtesten und wahrlich ein prachtvoller Anblick im Garten.

Paduaner CLEVER, EXTRAVAGANT UND SCHÖN

Bei den struppfiedrigen Paduanern wirkt die Federhaube fast wie ein Regendach.

Eine gute „Gartentauglichkeit" bei einer Hühnerrasse kann sich durch verschiedene Eigenschaften ergeben. Sei es durch hohen optischen Zierwert, geringe Platzansprüche oder ein zahmes, dem Menschen zugewandtes Wesen. Unabhängig von ihrer Eignung für die Gartenhaltung sind manche Hühnerrassen aber schlichtweg im geschützten Ambiente eines Privatgartens besser aufgehoben als etwa auf einem idyllischen Ökobauernhof, wo sie den ganzen Tag über frei herumlaufen könnten. Eine solche Rasse sind sicherlich die Paduaner. Paduaner zählen zur Gruppe der Vollhaubenhühner und gehören daher zu den Rassen mit den allergrößten Federhauben.

Viele Menschen finden die großen Hauben toll und Paduaner haben daher weltweit eine große Fanbase. Das Sichtfeld der Tiere wird durch die Federhauben aber deutlich eingeschränkt, insbesondere nach oben hin. Greifvögel aus der Luft sind daher der schlimmste Albtraum für diese Hühner, und sie sorgen tatsächlich auch dafür, dass aus den Paduanern nie „glückliche Bilderbuch-Bauernhofhühner" wurden, obwohl die Rasse schon seit vielen Jahrhunderten in Europa bekannt ist. Sie werden in einer bunten Truppe von Hofhühnern stets als Erstes vom Boden „gepflückt" und somit aus dem Genpol „ausselektiert". Für die kontrollierte Gartenhühnerhaltung sind die Paduaner jedoch eine geradezu ideale Rasse.

Nicht nur, dass ihrem Überleben sichere Volieren und begrenzte Ausläufe mit Absicherung nach oben hin sehr entgegenkommen, sie mögen auch den Kontakt zu ihrem Menschen und suchen ihn regelrecht, als wüssten sie, dass sie mehr Heim- als Nutztiere sind. Insbesondere dann, wenn man sich seine Paduaner schon im halbwüchsigen Alter zulegt und sich viel mit ihnen beschäftigt, werden sie deutlich zahmer als fast alle ande-

Struppfiedrige und glattfiedrige Zwerg-Paduaner beleben diesen mittelgroßen Stadtgarten.

ren Hühnerrassen. Mit Paduanern hatte ich bei verschiedenen Züchtern schon lustigste Erlebnisse, sei es nun, dass sie auf den Tisch springen, um beim Nachmittagskaffee im Garten mitzunaschen, oder auch, dass sie sich auf den Schultern ihres Besitzers bequem durch den ganzen Garten tragen lassen. Mein bisheriges Highlight trug sich so zu: Eine befreundete Familie hält in ihrem Stadtgarten eine ca. zehnköpfige Truppe an Zwerg-Paduanern. Eines Nachmittags waren alle Hühner spurlos verschwunden. Nichts zu sehen und kein Gackern oder Krähen zu hören. Die Panik, die sogleich aufkam, sollte nicht lange währen, denn kurz darauf wurde die ganze Truppe im Zelt der Kinder dabei ertappt, wie sie zwischen Decken und Schlafsäcken Mittagsruhe machte, als wäre das selbstverständlich. Die Kinder hatten vergessen, den Eingang des Zelts zu verschließen, und nun weiß die Welt, dank Instagram, wo die Fotos davon ein Hit wurden, dass Hühner gern campen! Nun aber zu den Fakten. Paduaner gibt es, wie viele andere Hühnerrassen auch, in zwei Größen. Die großen Originale wiegen

Rechts oben: Der stolze schwarze Paduaner Hahn schillert im Sonnenlicht grün.

Links oben: Ein Hahn des seltenen „tollbunten" Farbschlags, bei dem sich aus züchterischer Sichtweise eine Scheckung über ein ansonsten gesäumtes Gefieder legt.

Im trockenen Herbstlaub sind diese beiden „tollbunten" Paduaner Hennen hervorragend getarnt. Hennen haben fast ballrunde Hauben.

um die 3 Kilogramm, die Zwerg-Paduaner zwischen 800 Gramm und 1 Kilogramm. Von beiden Versionen kennt man viele tolle Farbschläge, von denen die gesäumten, wie Gold-Schwarz gesäumt und Silber-Schwarz gesäumt, am beliebtesten sind. Einfarbige Paduaner, in Schwarz, Blau oder Weiß, haben heute einen gewissen Seltenheitswert, genauso wie die „tollbunten" Paduaner, bei denen sich eine seltene Kombination aus Säumung und Scheckung findet. Ein Sondermerkmal der Paduaner ist neben der Vollhaube auch der Bart, denn wo bei anderen Hühnern die Kehllappen sind, haben Paduaner einen hübschen Federbart. Dieser Bart ist übrigens auch das einzige echte Unterscheidungsmerkmal zu den Holländer Haubenhühnern, die nur in Mitteleuropa als eigenständige Rasse gelten. International werden sie nämlich, genauso wie die Paduaner, als "Polish chickens" bezeichnet. Die Paduaner sind "Bearded Polish", die Holländer Hauben "Whitecrested Polish". Alle charakterlichen Besonderheiten, die ich bei den Paduanern in diesem Porträt erwähnt habe, lassen sich eins zu eins auf die Holländer Haubenhühner ummünzen, und wer Paduaner mag, findet daher zumeist auch an den kecken Holländern Gefallen.

Pawlowskaja

DER VERMEINTLICHE AUERHAHN UNTER DEN GARTENHÜHNERN

Pawlowskajas zeigen keine streng einheitliche Gefiederfärbung. Diese Junghenne zeigt beispielsweise einen ungewöhnlich hohen Schwarzanteil.

Zu den schönsten Erlebnissen, wenn ich für „Happy Huhn" unterwegs bin, zählen für mich immer Begegnungen mit außergewöhnlich zahmen Hühnern. Wenn es sich bei diesen dann auch noch um seltene Rassen handelt, ist mein Glück perfekt. Im Herbst 2018 besuchte ich eine Familie, die sich zwölf Hühner in einem Hausgarten hielt. Es war dies eine sehr bunte Truppe, die hauptsächlich aus den üblichen Rassen wie Marans und Zwerg-Wyandotten bestand, jedoch gehörten ihr auch zwei Pawlowskaja-Hennen samt dazupassendem Hahn an. Diese drei Pawlowskajas ragten nicht nur optisch sofort heraus, sondern auch in ihrem Verhalten. Sie waren sehr zahm. Dem achtjährigen Sohn der Familie war es gelungen, das Vertrauen des Gockels zu gewinnen, sodass dieser nicht nur bereitwillig aus der Hand fraß und auch seine Hennen ständig dazu animierte, ihre Scheu abzulegen, sondern sich auch herumtragen ließ wie ein Kuscheltier, ohne jegliche Anzeichen von Angst oder Aggressivität. Auch ich als Fremder konnte das fast 3 Kilogramm schwere Tier problemlos einfangen und hochheben.

Wie ich später erfahren sollte, gelten Pawlowskajas, die ursprünglich aus Russland stammen, als älteste Haubenhuhn-Rasse der Welt. Traditionell wurden diese Tiere in Russland in sehr kalten Regionen gezüchtet, wo es einst durchaus üblich war, die Hühner im Winter herein in die warmen Stuben zu holen. Diese Hühner hatten also während ihrer Zuchtgeschichte immer einen ungewöhnlich engen Kontakt zu ihren Haltern,

Die Federhaube, der Bart und die befiederten Läufe weisen diesen Hahn als waschechten Vertreter der Rasse Pawlowskaja aus. Im Alter bekommen viele Pawlowskajas der goldenen Variante auch ein paar silberne Federn an Kopf und Schwanz.

Die neugierigen Pawlowskajas werden leicht zahm und können dann auch Kindern viel Freude machen.

und das erklärt meiner Meinung nach auch ganz gut, weshalb sie so vertrauensselig sind. Trotz dem sie oft in Wohnhäusern gehalten wurden, können Pawlowskajas auch außerordentlich viel Kälte vertragen. Es gibt in einschlägigen Internetforen immer wieder „Schauergeschichten" direkt aus Russland, die von Pawlowskaja-Hennen berichten, die abends nicht rechtzeitig nach Hause gefunden haben und dann bei minus 25 Grad im Freien, zwischen Gestrüpp und Astwerk, genächtigt haben. Ohne Schaden zu nehmen. Man muss dazusagen, dass man bei den Pawlowskajas aber auch wirklich alle erdenklichen Merkmale antrifft, die einem Huhn dabei helfen, sich gegen Kälte zu wappnen. Sie haben eine Haube statt eines Kamms und Kinn- und Backenbärte statt der Kehllappen, sodass ihre Gesichter vor Frostschäden geschützt sind. Eine knapp anliegende Rundumbefiederung an den Läufen, die bis über die Zehen verlaufen kann, sorgt außerdem dafür, dass das Fußwerk heil bleibt. Alles in allem gehören Pawlowskajas unter mitteleuropäischen Verhältnissen sicherlich zu den besten Rassen für robuste Haltungsformen.

Die Hennen sind dafür bekannt, dass sie hierzulande auch im Winter vergleichsweise gut legen und ergänzen sich damit prima mit anderen Rassen. Probleme machen die Pawlowskajas hauptsächlich während unserer warmen Sommer. Mit ihren Hauben und Bärten sind sie prädestiniert für Federlinge und Milben, und die Befiederung an den Läufen bietet den gefürchteten Kalkbeinmilben ein „geschütztes Plätzchen". Kontrollieren Sie Tiere dieser Rasse daher regelmäßig auf Ungeziefer! Ansonsten ist die Rasse auch optisch eine Bereicherung für jeden Garten. Sie wird hauptsächlich in zwei Farbvarianten gezüchtet, Gold-Schwarz und Silber-Schwarz, wobei es in geringeren Stückzahlen auch reinweiße Tiere gäbe.

Wie bei vielen sehr alten Rassen der Fall, ist auch über die genauen Anfänge der Pawlowskaja-Zucht nur wenig bekannt. Das hat zu einer Vielzahl von Gerüchten geführt, von denen manche recht abenteuerlich sind. Mir gefällt jenes am besten, nach dem die Rasse Pawlowskaja in Russland einst entstanden sein soll, weil eine Haushuhndame in den Wald lief und sich dort mit einem wilden Auerhahn eingelassen hat. Aus genetischer Sicht ist das fast unmöglich, denn Auerhühner gehören innerhalb der Hühnerfamilie zu einem gänzlich anderen Abzweig, aber rein optisch gesehen gibt es durchaus gewisse Ähnlichkeiten. Auch ohne Auerhahngene sind die Pawlowskajas eine erhaltenswerte Rasse, aber sollten Ihnen im Internet jemals Pawlowskaja-Bruteier als Kreuzungsprodukt zwischen Auerhahn und Haushuhn angeboten werden, wissen Sie, dass es sich um einen Betrug handelt, und können darüber schmunzeln.

Proveis-Ultentaler Hühner TIROLS LETZTE HÜHNERRASSE

Jene Hühnerrassen, die sich für die Gartenhaltung besonders gut eignen, sind meistens in ihrem Bestand nicht sonderlich gefährdet, da sich immer wieder aufs Neue Liebhaber finden, die sich um ihren Fortbestand bemühen. Demgegenüber stehen allerdings Hunderte Rassen, die hochgradig gefährdet sind. Für viele seltene Rassen, wie Westfälische Totleger, Bergische Kräher, Brakel, Ardenner oder Appenzeller Barthühner, gibt es zumindest Erhaltungszuchtprojekte, die ihren Fortbestand halbwegs gewährleisten. Wirklich schlecht steht es um jene Rassen, die völlig unbemerkt bis ins 21. Jahrhundert überlebt haben und nur durch Zufall noch da sind. Eine solche Rasse ist zum Beispiel das Proveis-Ultentaler Huhn, die einzige alte Hühnerrasse aus dem gesamten Tiroler Alpenraum, die heute noch existiert. Ich möchte Ihnen diese seltene Rasse ganz bewusst im Zuge meiner Rasseporträts näherbringen, weil ich denke, dass auch Gärten ein Refugium für vom Aussterben bedrohte Haustierrassen sein können. In großen Privatgärten lässt sich eine kleine Erhaltungszucht für Proveis-Ultentaler durchaus in die Realität umsetzen, und bitter notwendig hätte es diese Rasse allemal. Zum Zeitpunkt, da ich diese Sätze schreibe, gibt es kaum noch hundert ausgewachsene Tiere von den Proveis-Ultentalern. Zu verdanken haben diese Hühner ihr Überleben einer einzigen Südtiroler Bäuerin aus dem westlich von Bozen gelegenen Dörfchen Proveis, die es sich zur Lebensaufgabe gemacht hat, diese traditionelle Hühnerpopulation zu erhalten. Monica Brunelli-Thaler hat irgendwann bemerkt, dass der alte, regionale Hühnerschlag nahezu vollständig von den Bergbauernhöfen ihrer Heimat verschwunden ist. Also hat sie sich auf die Suche nach den letzten verbliebenen Exemplaren gemacht und auf eigene Faust eine Erhaltungszucht ins Leben gerufen. Auf 1500 Metern Seehöhe bewirtschaftet sie gemeinsam mit ihrer Familie einen kleinen Bergbauernhof und gibt dort allen auffindbaren Proveis-Ultentalern ein schönes Plätzchen, wo sie sich im Dienste der Erhaltungszucht vermehren. Die typische Proveis-Ultentaler Henne wiegt zwischen 1,5 und 2 Kilogramm, zeigt eine schneidige Landhuhnform mit langem

Das Proveis-Ultentaler Huhn ist die einzige alte Hühnerrasse des gesamten Tiroler Alpenraums, die nicht im Lauf des 20. Jahrhunderts ausstarb.
Unabhängig von ihrer späteren Farbgebung zeigen Proveis-Ultentaler Küken zumeist ein gestreiftes Tarnkleid, ähnlich jenem von Wachtelküken.

In dieser gesunden Gruppe von halbwüchsigen Proveis-Ultentalern liegen große Hoffnungen für die Zukunft.

Schwanzgefieder und hat einen mittelgroßen bis großen Einfachkamm, der sich während der Legeperiode zur Seite neigen kann. Die Hähne bringen bis zu 2,5 Kilogramm auf die Waage, haben stets sehr große Kämme und werden durch ihre überlangen, perfekt gebogenen Sichelfedern zu wahren Blickfängen. Beide Geschlechter haben stets schiefergraue bis bläulich olivfarbene Läufe. Farblich sind bei den Proveis-Ultentalern alle Abwandlungen der Wildfarbe zu finden, von Rebhuhnfarbig, Wildbraun, Zimtfarbig über Weizenfarbig bis hin zu Dunkelbraun. Zusätzlich zu diesen Grundfarben zeigen etwa die Hälfte der Tiere auffällige weiße Tupfen in ihrem Federkleid, die mit jeder Mauser größer werden. Diese kommen durch den autosomal-rezessiv vererbten Mottled-Faktor zustande und können unabhängig von der eigentlichen Farbgebung des Huhns optisch (phänotypisch) zum Vorschein kommen oder auch versteckt in den Erbanlagen schlummern. Somit ergeben sich für die Proveis-Ultentaler Hühner eine Vielzahl von farblichen Erscheinungsformen, die jedoch immer letztlich eine Variante der Wildfarbe zur Grundlage haben. Das sieht man auch an den Küken der Rasse, die in den ersten Wochen ein gestreiftes Tarnkleid besitzen, ähnlich dem von Wachtel- oder Fasanenküken.

Entstanden ist das Proveis-Ultentaler Huhn ursprünglich durch die historischen Handelsbeziehungen zwischen Mittelitalien und Südtirol. Besonders der Mühlbacher Markt im Zentrum Südtirols war vor dem Aufkommen der Hybridzucht jahrhundertelang ein beliebter Ort, um sich legefreudige Hühner aus dem Süden zur Aufwertung der lokalen Hühnerschläge zu kaufen. Dies taten einst auch die Bauern aus Proveis und Umgebung regelmäßig, und so fand über einen langen Zeitraum hinweg ein ständiger Genfluss von Süden nach Norden statt. Die alteingesessenen Bergbauernhühner wurden so nach und nach immer mehr von den italienischen Landhühnern beeinflusst und schließlich zu etwas völlig Eigenständigem. Die heutigen Proveis-Ultentaler Hühner vereinen die vorzügliche Legeleistung und den eleganten Typus der italienischen Hühner mit der guten Gesundheit, der hohen Farbenvielfalt und dem ausgeprägten Brutinstinkt der traditionellen Bauernhühner Südtirols. Vom Verhalten her ist die Rasse weder übermäßig zahm noch ausgesprochen wild. Mit ein bisschen Geduld fressen einem diese Hühner durchaus aus der Hand. Ich wurde zum ersten Mal Ende 2017 auf die Proveis-Ultentaler Hühner aufmerksam, nachdem Monica mich kontaktiert hatte, mit der Bitte, ich möge doch bei „Happy Huhn“ über ihr Projekt berichten. Das habe ich im Sommer 2018 dann auch getan, und seitdem konnte sie einige neue Mitstreiter für die Erhaltung der Proveis-Ultentaler gewinnen. Über den Berg ist dieses alte Tiroler Kulturgut aber noch lange nicht, darum möchte ich Sie an dieser Stelle darum bitten, sich ernsthaft zu überlegen, ob Sie in Ihrem Garten nicht vielleicht auch ein bisschen Rasseerhaltung betreiben könnten. Momentan zählt jede Zuchtgruppe.

Ein wichtiger Unterschied zum Rebhuhnfarbigen Italiener Huhn ist der stark ausgeprägte Bruttrieb der Proveis-Ultentaler Hennen.

Bild links: Gold-Schwarzgesäumt nennt sich dieser Farbschlag der Sebrights.

Bild rechts: An der silbernen Variante der Sebrights kommt der Kontrast zur schwarzen Säumung außerordentlich gut zur Geltung.

Sebright AUF DEN SPUREN VON CHARLES DARWIN

Es gibt im Prinzip zwei Arten, wie neue Hühnerrassen entstehen können. Sie entwickeln sich entweder langsam und stetig aus regionalen Landhuhnpopulationen, durch zufällige Verpaarungen und stetige Anpassung an die lokalen Bedingungen, oder aber sie werden gezielt erzüchtet, wobei die Züchter meist von Anfang an ein klares Zuchtziel vor Augen haben. Das englische Sebright-Huhn ist eindeutig der letzteren Kategorie zuzuordnen, und man hat es dann auch passend nach seinem Schöpfer, Sir John Sebright, benannt.

Sir John Sebright wollte in der ersten Hälfte des 19. Jahrhunderts ein zwergwüchsiges Huhn mit vielen Sondermerkmalen, wie Rosenkamm und schwarzer Säumung des Gefieders, schaffen. Das sollte an sich nicht so schwierig sein, würde man meinen, aber Sir John Sebright wollte dabei auch erreichen, dass Hahn und Henne in Ausprägung und Färbung des Gefieders möglichst identisch sind. Hennenfiedrige Hähne also, die weder durch lange Sichelfedern, übermäßigen Sattelbehang noch buntere Farben von den Hennen auf den ersten Blick zu unterscheiden sind. Wie es ihm letztlich gelungen war, das hochgesteckte Zuchtziel zu erreichen, ist unbekannt, zum Einsatz gekommen sein dürften aber mit ziemlicher Sicherheit neben gesäumten Paduaner Hühnern auch Nankin-Zwerghühner und rosenkämmige Bantams sowie einige rasselose Tiere. Das Ergebnis war eine der optisch perfektesten Zwerghuhnrassen, die bis dato bekannt waren, und auch Charles Darwin, der Vater der Evolutionstheorie, wurde so auf das Zuchtergebnis aufmerksam. Darwin hegte seinerzeit freundschaftliche Kontakte zu zahlreichen englischen Tierzüchtern, denn es war nicht zuletzt die Merkmalsvielfalt der domestizierten Haustierrassen, die es ihm regelmäßig erlaubte, die Veränderung der Arten unter kontrollierten Bedingungen zu studieren.

Darwin fand die hennenfiedrigen Sebright-Hähne ausgesprochen interessant, und vielleicht ist es auch den Erwähnungen in seinen Werken zu verdanken, dass die Rasse später weltweit populär

Perfekte Sebrights sind eine züchterische Herausforderung. Mein Sebright-Hahn Sheldon wurde seinerzeit aus der Zucht ausgeschlossen, weil sein Kamm mit einem Doppeldorn endet.

Sebrights kommen auch für kleine Gärten infrage und haben einen eher kleinen Bewegungsradius.

wurde. Ihren Dienst für die Wissenschaft haben die Sebrights jedenfalls zweifellos geleistet, doch sind sie nicht nur genetisch interessant, sondern auch als Gartenhühner. Ich selbst hielt mir in meinem Garten eine Zeit lang ein Trio gold-schwarz gesäumter Sebrights und war zu 100 Prozent mit dieser Rasse zufrieden.

Mit ihren ca. 600 Gramm Gewicht brauchten Hähnchen Sheldon und seine beiden Damen Diana und Adele nicht viel Platz, und das etwa zehn Quadratmeter große Freigehege, das ich extra katzensicher angelegt hatte, war mehr als ausreichend für sie. Die kleinen Kobolde schafften es weder, das Grünzeug zurückzudrängen, noch nutzten sie überhaupt jemals die ganze Fläche. Ließ ich sie im ganzen Garten frei laufen, blieben sie entweder in der Nähe des Stalls oder folgten mir bei der Gartenarbeit auf Schritt und Tritt. Sie wurden zwar nie richtig handzahm, schienen aber dennoch zu wissen, dass ich ihnen nur Gutes wollte, und fühlten sich in meiner Nähe wohl. Bedenken hatte ich anfangs nur wegen meines Katers.

Die Seramas, die ich zuvor als Gartenhühner gehalten hatte, wurden von diesem nämlich bei jeder Gelegenheit gejagt. Bei den Sebrights war diese Sorge unberechtigt, wie sich herausstellte. Zwar wiegen sie nur lächerliche 200 Gramm mehr, sind aber deutlich aufmerksamer als Seramas, und alle drei ließen es daher nicht zu, dass der Kater ihnen jemals zu nahe kam. Sheldon scheute auch den direkten Angriff nicht und erinnerte mich dabei stets an einen kleinen Kämpferhahn.

Letztlich machte Kater Baghira sogar einen großen Bogen um das wehrhafte Trio, wann immer dieses frei im Garten zugange war. Ich finde, die Sebrights sind wahrlich perfekte Hühner für kleine Gärten. Außerordentlich vornehm und selbstbewusst im Verhalten, klein mit äußerst geringem Bewegungsdrang und dabei auch noch von optischer Vollendung. Nur in Sache Legeleistung können diese englischen Zwerghühner nicht so ganz überzeugen. Mit nur knapp 80 Eiern im Jahr legen die Sebright-Hennen selbst für Zierhühner ausgesprochen wenig, aber wer hält sich solche Schönheiten schon der Eier wegen? Für den Fortbestand der Rasse ist die Legeleistung jedenfalls ausreichend, und das ist das Wichtigste. Würden die Sebrights jemals aussterben, wäre das gerade so, als würde einer der hellsten Sterne vom „Hühnerhimmel“ fallen.

Im direkten Vergleich mit dem braunen Hybridhuhn, vor dem sich Hähnchen „Sheldon" aufgeplustert hat, wird ersichtlich, wie klein und zierlich Sebrights sind.

Die Farbenvielfalt bei den Seramas ist unter Hühnerleuten legendär. Kein Tier gleicht dem anderen exakt.

Serama DAS KLEINSTE HUHN DER WELT

Ganz gleich, ob Zwergkaninchen, Westafrikanische Zwergziege, Bretonisches Zwergschaf, Dahomey-Zwergrind oder Argentinisches Falabella-Pferd: Die Miniaturformen unserer domestizierten Nutztiere erfreuen sich bei Hobbyhaltern einer stetig wachsenden Beliebtheit. Wir Menschen finden Zwergformen wohl einfach putzig, und sie sind sicherlich auch zum Teil einfacher in der Handhabung, weshalb ständig neue verzwergte Zuchtformen hinzukommen. Auch bei den Hühnern werden neue, „spektakuläre" Zwergrassen „entdeckt" oder große Hühnerrassen extra züchterisch verzwergt, wie etwa Zwerg-Sulmtaler, Zwerg-Exchequer oder Zwerg-Barnevelder. Tatsächlich sind viele Hühnerrassen, die wir zu den Zwergen rechnen, aber eigentlich normal groß. Das wilde Bankivahuhn zeigt beispielsweise nicht viel Größenunterschied zu einem Haushuhn der Rassen Zwerg-Welsumer oder Deutsches Zwerghuhn. Hingegen sind jene Hühner, die wir als normal groß ansehen, nahezu Riesenformen im Vergleich zum Urhuhn. Echte Miniaturhühner gibt es daher in Wahrheit viel weniger, als man annehmen würde. Unbestreitbar „mini" sind jedoch die Seramas, jene winzigen Hühner aus Malaysia, die in den letzten Jahren in der Hühnerwelt so für Furore gesorgt haben. Sie sind die kleinsten Hühner der Welt. Viele Hennen wiegen nur zwischen 350 und 400 Gramm. Auch die Hähne sollen kaum jemals die 450-Gramm-Marke überschreiten. Damit wirken die Seramas selbst im Vergleich zu anderen extrem

Sehr beliebt sind solche gescheckten Varianten bei den Seramas

Eine stark aufgerichtete Körperhaltung, mit vorgestreckter Brust und dazu steil aufragende Schwanzfedern, so präsentiert sich eine rassetypische Serama-Henne.

Seramas sind mehr Heim- als Nutztiere. Für Kinder sind sie als erste eigene Hühner einfach genial!

kleinen Rassen, wie Chabos, Sebrights und Bantams, noch wie Zwerge.

Ihr puppenhaftes Aussehen, die geringen Platzanforderungen, die sie haben, sowie das quietschend klingende Krähen der Hähne, das zu den leisesten Krährufen aller Rassen zählt, machen die Seramas zu den idealen Stadt- und Heimtierhühnern. Weltweit sind sie heute in vielen Ländern eine regelrechte Moderasse, ihre Ursprünge finden sich jedoch in Malaysia. Auch in Malaysia sind die Seramas in erster Linie Heimtiere, die aufgrund ihrer geringen Größe nicht wie andere Hühner frei herumlaufen dürfen. Sie leben dort vielmehr wie Stubenvögel oft nahe bei ihren Menschen, weshalb sich über die Jahre bei dieser Rasse wohl ein sehr vertrauensseliger und menschenfreundlicher Charakter entwickelt hat. Wie unkompliziert ihre Handhabung ist, durfte ich beim Fototermin für dieses Rasseporträt einmal mehr feststellen. Ich war hierfür bei einem auf Seramas spezialisierten Züchter in Niederösterreich eingeladen, in dessen großem Privatgarten sich eine Vorzeige-Zuchtanlage befindet, die speziell auf die Ansprüche dieser Rasse hin zugeschnitten wurde. Bei meinem Besuch wuselten die Seramas schon mit ihrer putzigen Art im ganzen Garten herum und mittendrin die beiden Söhne des Züchters. Die Hühnchen turnten auf den Buben herum, als würden diese zu ihrer Familie gehören. Keine Anzeichen von Scheu. So war es kein Problem, schöne Bilder zu bekommen. Herrlich anzusehen war auch die große Bandbreite an Gefiedermusterungen und Grundfarben bei diesen Garten-Seramas.

Es gibt wohl kaum eine Hühnerfarbe, die man bei den Seramas nicht antrifft, denn erlaubt ist bei dieser Rasse im Grunde genommen alles, was züchterisch spannend sein kann. Wenn Sie vorhaben, sich Seramas in den eigenen Garten zu holen, bedenken Sie, dass die geringe Größe auch ein Nachteil sein kann. Ich selbst hatte vor einigen Jahren vier Seramas in meinem Garten und musste diese stets in einem katzensicheren Freigehege einsperren, weil mein eigener Kater Jagd auf meine gefiederten Kobolde machte, selbst wenn ich direkt danebenstand. Frustriert, weil es nie möglich sein würde, meine Miniaturhühner mal frei im Garten herumlaufen zu lassen, trennte ich mich wieder von ihnen und wandte mich größeren Rassen zu. Der Kater hatte nun mal das ältere Vorrecht, und dass er die amselgroßen Seramas als Beute betrachtete, konnte ich ihm nicht ernsthaft vorwerfen.

Als „Schwarz-Weiß gescheckt" bezeichnet man diese hübsche Farbvariante der Zwerg-Cochins.

Gold-blau-porzellanfarbige Zwerg-Cochins sind ein seltener Anblick. Dieser Hahn hat schon ein paar Jahre auf dem Buckel

Zwerg-Cochin GEMÜTLICHE FEDERBÄLLE IN BUNTEN FARBEN

Es gibt für Hühnerfreunde wohl kaum einen schöneren Anblick als den einer Zwerg-Cochin-Glucke, die ihre muntere Kükenschar durch einen üppigen Naturgarten führt und dabei voll und ganz in ihrem Mutterglück aufgeht. Zwerg-Cochins zählen in der Hühnerwelt zu den verlässlichsten Glucken überhaupt und können sich in dieser Hinsicht auch mit Seidenhuhn- und Steinpiperl-Hennen messen, die ebenfalls als „Übermütter" gelten. Es spielt dabei kaum eine Rolle, ob die Zwerg-Cochin-Dame ihre eigenen Kinder ausgebrütet hat oder man ihr Eier fremder Rassen ins Nest gelegt hat. Brav brütet sie alles aus und zieht auch Rassen auf, die doppelt so groß werden wie sie selbst. Aber nicht nur wegen der guten Mutterinstinkte finden sich für die Zwerg-Cochins immer wieder neue Liebhaber, es ist hierbei auch der ausgeglichene Charakter der Rasse, gepaart mit den optischen Besonderheiten, von großer Bedeutung. Zwerg-Cochins wiegen ca. 1 Kilogramm und sind dabei insgesamt sehr rundlich und kompakt gebaut. Weil sie außerdem ein sehr dichtes Federkleid haben und eher kurze, stark befiederte Beine, die im Gras kaum sichtbar sind, entsteht der Eindruck eines kugelrunden Huhns. Die von einigen Züchtern scherzhaft verwendete Bezeichnung „Rollender Federball" empfinde ich daher als überaus passend für diese Rasse. Überhaupt sollten die Zwerg-Cochins eigentlich nicht Zwerg-Cochins heißen, sondern einen gänzlich anderen Namen tragen. Immer wieder kommt es nämlich zu der falschen Annahme, bei den Zwerg-Cochins würde es sich um die verzwergte Form des großen Cochin-Huhns handeln, das 4 bis 5 Kilogramm schwer werden kann. Tatsächlich bestehen zwischen den beiden Rassen aber keine näheren verwandtschaftlichen Beziehungen. Die Zwerg-Cochins sind echte Urzwerge, ohne großes Pendant. International kennt man sie ganz passend als „Pekin Bantams", womit eine Verwechslung mit dem „Cochin Chicken" von vornherein ausgeschlossen ist. Eine Gemeinsamkeit mit dem Cochin-Huhn haben die Zwerg-Cochins dann allerdings doch: Sie stammen wie diese ursprünglich aus China und existieren dort bereits seit langer Zeit. Im Lauf des 19. Jahrhunderts sollen die Zwerg-Cochins gleich zweimal über den Seeweg von China nach

Ein Trio silber-weizenfarbiger Zwerg-Cochins hat sich ein schattiges Plätzchen für ein Staubbad gesucht.

Europa gelangt sein. Einmal 1835 als Geschenk für die englische Queen Victoria, ein weiteres Mal ca. 25 Jahre später als Diebesgut aus Peking. Britische Soldaten sollen im Zuge des Zweiten Opiumkrieges, der von 1856 bis 1860 währte, Hühner aus der Privatsammlung des Kaisers von China gestohlen haben und dabei soll es sich vornehmlich um Zwerg-Cochins gehandelt haben. Auf diese beiden „Importe" soll sich der heutige Bestand an Zwerg-Cochins, und der ist weltweit betrachtet beachtenswert groß, im Wesentlichen zurückführen lassen. Aufgrund ihres tiefen Standes, ihrer befiederten Läufe und des üppigen Bauchgefieders sollte man Zwerg-Cochins niemals im nassen hohen Gras laufen lassen. Sie werden viel zu schnell nass und trocknen dann hinterher nur langsam wieder. Gepflegte, teilweise überdachte Ausläufe mit Sandflächen oder feinkörnigem Kies ausgestattet, haben sich für die Rasse als ideal erwiesen. Rasenflächen sollten relativ kurz gehalten werden, dann sind sie kein Problem für diese liebenswürdigen Zwerge. Achten Sie bei den Zwerg-Cochins aufgrund der üppigen Befiederung verstärkt auf Ungeziefer, wie Federlinge und Kalkbeinmilben. Haben Sie beschlossen, sich Zwerg-Cochins in Ihren Garten zu holen, so stehen Ihnen im deutschsprachigen Raum über 40 Farbschläge zur Verfügung, aus denen Sie wählen können. Von einigen Farben gibt es zusätzlich struppfiedrige Varianten, bei deren Anblick der Vergleich mit den „Rollenden Federbällen" gleich doppelt so passend zu sein scheint.

Als „birkenfarbig" ist diese tolle Farbgebung der Cochins bekannt, bei der silberne Hals- und Kopffedern stark zum schwarzen Rest des Gefieders kontrastieren.

Zwerg-Welsumer

DAS NATURBELASSENE LEGEHUHN

Groß war mein Erstaunen, als ich vor einigen Jahren zum ersten Mal die Eier von Zwerg-Welsumer Hennen zu Gesicht bekam. Diese waren hellbraun, mit dunkler Tüpfelung und wogen schätzungsweise um die 50 Gramm. Derart große Eier hätte ich bei einem Huhn, das selbst gerade einmal 1 Kilogramm Gewicht auf die Waage bringt, nicht erwartet. Die Zwerg-Welsumer dürften die wohl wirtschaftlichste Zwergrasse überhaupt sein, denn es ist nicht nur so, dass sie sehr große Eier legen, sondern es sind derer auch noch viele. 180 bis 220 Eier im ersten Jahr und noch mal jeweils um die 180 Eier im zweiten und im dritten Jahr schaffen gut versorgte Hennen dieser Rasse durchaus. Wer auf der Suche nach einer kleinen Gartenhühnerrasse ist, die insbesondere in puncto Legeleistung überzeugen kann, dürfte mit den Zwerg-Welsumern seine helle Freude haben. Natürlich stellt sich hierbei die Frage, ob es überhaupt tiergerecht sein kann, dass man einem so kleinen Huhn ein derart hohes Leistungsvermögen angezüchtet hat.

Mir selbst kam seinerzeit auch sogleich das Tierwohl in den Sinn und ich habe viel darüber nachgedacht. Mein Fazit ist, dass die Zwerg-Welsumer diesbezüglich wohl ziemliche Grenzgänger sind. Sie bewegen sich in einer Grauzone, und würde man ihnen ein noch höheres Eigewicht und eine noch höhere Legeleistung anzüchten, wären sie tatsächlich nichts anderes mehr als überzüchtete Hochleistungstiere. Ich hoffe nicht, dass das passieren wird. So, wie sie jetzt sind, sind sie perfekt, denn abgesehen von den guten Nutzeigenschaften ist das Zwerg-Welsumer Huhn ein regelrechtes „Nononesens Chicken" wie man im englischen Sprachraum so schön sagt. Damit sind Hühner gemeint, die frei von jeglichem angezüchteten „Schnickschnack" wie Federhauben, Bärten, Kaulschwänzen oder Fußbefiederung sind.

Die Zwerg-Welsumer haben nichts dergleichen und wirken zudem auch farblich sehr natürlich.

Für kleine Gärten sind Zwerg-Welsumer eine bevorzugte Legerasse.

Die häufigste Farbvariante der Rasse nennt sich Rost-Rebhuhnfarbig und entspricht weitgehend der Farbgebung des wilden Bankivahuhns aus Ostasien. Auch die anderen rassetypischen Farbschläge wie Silberfarbig und Orangehalsig sind als Abwandlungen der Wildfarbe zu verstehen.

Somit ist das Zwerg-Welsumer zwar sicherlich eine sehr zweckorientierte Rasse, aber zugleich optisch eine außergewöhnlich naturbelassene. Diese Kombination kommt bei Hühnerhaltern so gut an, dass die Zwerg-Welsumer nun schon seit vielen Jahren als beliebteste Zwergrasse in Deutschland und Österreich gelten. Begonnen hat

Zwerg-Welsumer sind eifrige Futtersucher und insbesondere auch gute „Futterverwerter".

die Zuchtgeschichte der Zwerg-Welsumer übrigens zwischen Erstem und Zweitem Weltkrieg. Damals wollte man eine Zwergversion des großen Welsumer Huhns aus den Niederlanden schaffen, die wie dieses möglichst gute Nutzeigenschaften aufweisen sollte. Der Versuch war von Erfolg gekrönt und wurde 1946, also in den Nachkriegsjahren, mit der offiziellen Anerkennung der Rasse vonseiten der Zuchtverbände belohnt. Zwerg-Welsumer haben einen nur noch schwach vorhandenen Bruttrieb. Viele andere Zwergrassen kommen hingegen andauernd in Brutlaune, sodass es fast schon lästig werden kann, weshalb die Rasse auch empfehlenswert ist, wenn Sie Naturbrut vermeiden wollen. Die um die 3 Kilogramm schweren, großen Original-Welsumer sind übrigens seit exakt 100 Jahren, nämlich seit 1919, in den Niederlanden bekannt. Im Vergleich zur überwältigenden Popularität ihrer verzwergten Version sind sie im deutschsprachigen Raum geradezu Raritäten geblieben, und ich bin fast geneigt, sie als „gefährdet" zu betrachten. Sollten Sie in Ihrem Garten genügend Platz für die Hühnerhaltung zur Verfügung haben, wären daher auch die großen Welsumer durchaus mal eine Überlegung wert, denn sie hätten wieder etwas mehr Bekanntheit nötig.

Literatur.

„The Chicken Encyclopedia“
von Gail Damerow
ISBN 978-1-60342-561-2
(Ein tolles englischsprachiges Hühnerbuch, dass mir schon des Öfteren weiterhelfen konnte, wenn die deutschsprachige Literatur versagte.)

„Geflügel gesund erhalten - Krankheiten vorbeugen, erkennen und behandeln“
von Hellmut Woernl
ISBN 978-3-8001-8287-9

Weitere herausragend gute Hühnerbücher:

- **„Illustrierte Hühner ENZYKLOPÄDIE“**
  von Esther Verhoef & Aad Rijs
  ISBN 978-3-89555-4247
  (Ein sehr umfangreiches und gut geschriebenes allgemeines Buch über die Hühnerhaltung)

- **„Superfood für Hühner, Tauben & Co.“**
  von Wilhelm Bauer
  ISBN 978-3-8186-0100-3
  (Perfekt für jeden dem tiergerechte Hühnerfütterung wichtig ist)

- **„Rassegeflügel kompakt“**
  von Horst Schmidt und Rudi Proll
  ISBN 978-3-8001-7556-7
  (bietet eine sehr große Übersicht über die Hühnerrassen)

- **„Vererbung bei Hühnern und Wassergeflügel“**
  von Armin Six und Bettina Müller
  ISBN 978-3-88627-524-8
  (Wie ich finde ein Muss für angehende Züchter!)

- **„Heilende Kräuter für Tiere – Pflanzliche Hausmittel für Heim- und Nutztiere“**
  von Cäcilia Brendieck Worm
  ISBN 978-3-2580-7936-3
  (Dieses Buch bietet umfang- und facettenreiches Heilpflanzenwissen für Tierhalter, die ihren Tieren gerne mit Hausmitteln Gutes tun wollen.)“

Foto © Alexander Gallé